Markus Schächter (Hg.)

Mittendrin

Energie - verwenden statt verschwenden

von Thomas Fuchs, Burckhard Mönter und Nele Moost

Wolfgang Mann-Verlag

Abbildungsverzeichnis

agrar-press 9 o.l.; BEWAG 13, 27; Bildarchiv Preußischer Kulturbesitz/Nationalgalerie 5; Bundesbildstelle Bonn 32 r.; DBE Morsleben 66; Deutsches Museum München 10, 11, 12, 30, 31, 32 l., 46; DIE INITIATIVE/Matthias Fuchs 74 l., 76 r.; FAG Kugelfischer 59; Werner Fiedler 25 r. (2); Greenpeace 53; Erich Grießl/ADFC 36 r.; Otto Hahn/hahn-film 17 o., 33 u. (2), 73, 80 (2), 81 (3), 87 l., 88 l., 91 l.; Hahn-Meitner-Institut Berlin GmbH 52; Hamburger Gaswerke GmbH 42; Theo Heimann 22, 25 u. l., 70 (2); ILEX-Bild-Archiv für Umwelt und Natur: Christoph Dammann 40 u.l., Christoph Ludwig 40 r., Ivo Nörenberg 40 o.l., 41 o.l., Kai-Christian Peters 41 o.r., Ralf Schindek 37 l., Armin Torbecke 77; Kernforschungszentrum Karlsruhe 62, 63 l., 64, 65; Kernkraftwerk Obrigheim GmbH (KWO) 63 r.; KinderBuchVerlag-Archiv 8 r., 18 o.r.; Kvaerner Energy a.s, Oslo 92 (2); Walter Lang 37 r., 61; Lausitzer Bauunternehmen (LBU) 6 r.; Leica Mikroskopie und Systeme GmbH 49; Alfred Limbrunner 25 o.l.; Mercedes-Benz AG 87 r.; MEUVO Ökotechnik 76 l.; Heike Michel 41 u.; MINOL 29; Burckhard Mönter 8 l., 20 r., 34, 38 r; NOELL GmbH 45, 58, 68 69, 71; Hermann D. Oemler 36 l.; aus Webers Taschenlexikon (Bd. 2), „Erneuerbare Energie", OLYNTHUS Verlag 83; OSRAM GmbH 28 (2); Eugenie von Poehl-Tanger 20 l.; Portescap Deutschland GmbH 94; PreussenElektra 16, 23, 88 r., 89; Rheinbraun AG 24, 26 (2); Georg Quedens 91 r.; Salesianer Don Boscos, Benediktbeuern 93 l.; M. Scharnberg/Greenpeace 35; Schlaich Bergermann u. Partner 85 l.; Michael Schuff/Studio-TV-Film 93 r.; Siemens AG/Bereich KWU 56, 57; Siemens-Electrogeräte GmbH 39; Telefunken SystemTechnik 85 r., 95; Verkehrsmuseum Dresden 33 o.; Wacker-Chemitronic GmbH 86; WILESCO Metallwarenfabrik 7; Gerhard Wissmann 17 u. r.; Dietrich Zernecke 21

Hauptdarsteller und Moderator der gleichnamigen ZDF-Fernsehserie ist Peter Lustig.

Die Deutsche Bibliothek – CIP-Einheitsaufnahme

Mittendrin / Markus Schächter (Hrsg.). – Berlin: W. Mann.
NE: Schächter, Markus (Hrsg.)

Energie – verwenden statt verschwenden. – 1. Aufl. – 1993

Energie – verwenden statt verschwenden / von Thomas Fuchs ...
– 1. Aufl. – Berlin: W. Mann, 1993
  (Mittendrin)
  ISBN 3-926740-40-X
NE: Fuchs, Thomas

© 1993 Wolfgang Mann-Verlag GmbH, Berlin
1. Auflage 1993. Alle Rechte vorbehalten.
Lektorat: Monika Strzeletz
Redaktion ZDF: Alice Ammermann
Titelgestaltung und Grafiken: Corinna Naujok
Satz: Fotosatz Knab, Lintach
Druck und Verarbeitung: Proost, Turnhout
ISBN 3-926740-40-X

VORWORT

Im Fernsehen gibt es einen meisterhaften, energiegeladenen Erzähler, der über Kraft, Strom und Energie einfach alles sagt, was er weiß, und dem Zuschauer dabei trotzdem größtes Vergnügen bereitet. Das ist selten. Dabei sollte es bei wichtigen Themen für junge Leute doch die Regel sein.
Der, von dem die Rede ist, heißt Peter Lustig. Einfallsreich und voller Schlitzohrigkeit spricht er über eine Sache und strahlt dabei eine Wärme aus, die ins Herz des Zuschauers zielt, den Kopf aber kühl läßt. Das ist sein Markenzeichen.
Seit nunmehr fast 20 Jahren ist er der Mann mit der leichten Hand für das Schwere. Er schlägt seine Zuschauer nicht in den Bann, sondern verwickelt sie unversehens in den ganz persönlichen Dialog über das, was richtig oder falsch sein könnte. Und am Ende dieses Spiels ist der Zuschauer neugierig, läßt sich nicht mit vorschnellen Antworten abspeisen und hat erst einmal Fragen und noch einmal Fragen. Und hier kommt nun die Buchreihe zum Zuge. Was im Fernsehen angesprochen ist, wird im Buch ausführlich erklärt. Wenn etwas auf dem Bildschirm zu schnell vorbeigerauscht ist, kann im Buch nachgelesen werden, und zwar, so oft man will. Jeder Leser kann in Experimenten die Geheimnisse der Physik selbst ergründen.
Eine lebendige Fernsehserie zusammen mit einem informativen Buch lassen uns verstehen, wie all die Dinge diese Welt miteinander zusammenhängen und wie notwendig es ist, daß es anders und sinnvoller weitergehen müßte.

M. Schächter

Markus Schächter
Leiter der Hauptabteilung Programmplanung
ZDF

Inhalt

1. Kohle, Dampf, Maschinenkraft 5

Erstens: Strom aus Bewegung – der GENERATOR / Zweitens: Bewegung aus heißem Dampf – die DAMPFMASCHINE / Eiserne Engel – das Maschinenzeitalter / Kraft-Werke / Drittens: Elektrisches Licht – die GLÜHLAMPE / Energie einmal hin und zurück / Das Kraftwerk – ein „Verlustbetrieb" / Geheimnisvolle Energie / Mit der Energie geht's bergab / Heiß und kalt – „verdünnte Wärme" / Alleskönner Strom / Ur-Wälder / Verkohlen / Moderne Monster auf dem Weg in die Urzeit / Braunkohletagebau / Die Landschaft verändert sich / Das Elektrizitätswerk / Kraft-Wärme-Kopplung / Dienstleistung Energie

2. Öl läßt die Räder rollen 29

Das Ende einer Millionen Jahre langen Geschichte / Das Erdöl – ein Zufall / Fieberhafte Suche nach dem Ölschatz / Öl wird Brenn- und Treibstoff Nummer 1 / Die weiten Wege des Öls / Ganz schön raffiniert / Auf Achse / Die Stadt kommt unter die Räder / Eine Stadt für Menschen / Verkehrsmittel / Lebensmittel / Zentral-Heizung – wohlige Wärme überall / Wärmelöcher kann man stopfen / Erdgas / Strom und Wärme Hand in Hand – Blockheizkraftwerke / Vorräte – Reserven und Ressourcen / Das Spiel mit dem Feuer – der Treibhauseffekt

3. Kernkraft – eine sichere Sache? 45

Das atomistische Weltbild / Die Atome / Der Kern der Sache / Atomkern wechsle dich oder das Geheimnis der Strahlung / Radioaktiv / Aktivität / „Halbwertszeit" / Der Atomkern wird geknackt / Atomkerne als Energielieferant / Die Kettenreaktion / Das Kernkraftwerk / Der Kernreaktor / Der Siedewasserreaktor / Der Druckwasserreaktor / Die Brüter / Strahlenschutz im Kernkraftwerk / Von Strahlen und Grenzwerten / Was wird aus der Abwärme? / Wohin mit dem Müll? / Die Wiederaufbereitung / Der strahlende Abfall / Vom Endlagern / Im Salzstock / Wie sicher ist das Kernkraftwerk? / Von Störfällen und Unfällen / Kernenergie – ja oder nein?

4. Sonne, Wasser, Wind 73

Sonne und Wärmeenergie / Die Wärme in der Falle / Die Solararchitektur / Der Sonnenkollektor / Der verkehrte Kühlschrank oder die Wärmepumpe / Die Sonne bringt Leben in die Dinge / Die Sonne macht die Nacht zum Tag / Stirling-Kraftwerk / Solarzellen-Kraftwerke / Solarer Wasserstoff / Die Kraft des Windes / Windnutzung heute / Das Wasser hat Kraft / Die Kraft der Gezeiten / Gewaltige Wellen-Kraft / Auch der Mist hat Kraft / Der Energieverbund / Vernetzung oder das Denken muß sich ändern

1. Kohle, Dampf, Maschinenkraft

Es war einer der kleineren Steinquader auf dieser Baustelle, kaum mehr als einen Meter hoch und nur ein wenig breiter und länger. Er wog mit 2500 kg ungefähr so viel wie 35 Menschen. Zu einem solchen Stein gehörte ein Trupp von acht Leuten und ein Vorarbeiter. Sie hoben, schoben und zogen den Stein und mußten dabei all ihre Muskelkräfte aufbieten. Volle drei Tage benötigten sie, bis der Block endlich an der richtigen Stelle lag. Völlig erschöpft ließen sich die Männer zu Boden fallen. An die hunderttausend Leute schufteten hier schon über viele Jahre, bis die Form des Bauwerks zu erahnen war, und die Cheopspyramide Gestalt annahm.

Ein Kran hebt schwere Lasten auf Knopfdruck.

S. 7: Eine Spielzeugdampfmaschine

Die Frühstückspause auf einer anderen Baustelle geht zu Ende. Ein etwas beleibter Mann klettert die Stufen zur Kabine seines Krans hoch und läßt sich, ein bißchen außer Atem gekommen, in den Sitz fallen. Dann drückt er Knöpfe, legt Schalter um und zieht einen kleinen Hebel zu sich heran. Eine Winde beginnt zu surren, Stahlseile spannen sich und ein tonnenschweres Betonteil hebt vom Boden ab, schwebt in luftige Höhe und wird dort oben abgesetzt. Auf den entsprechenden Hebeldruck senkt sich der Kranhaken wieder, der nächste Betonblock ist an der Reihe – Arbeit auf Knopfdruck!

Was die Bauteile scheinbar mühelos in die Luft hebt, läßt mit gleicher Leichtigkeit Schnellzüge über Schienen eilen, treibt Maschinen an, läßt Glühbirnen aufleuchten und ganze Städte nachts in hellem Licht erstrahlen: elektrischer Strom, eine scheinbar unermüdliche Energie.

Woher kommt dieser Strom, der unser Leben so bequemer macht? Das einzige, was man zunächst sieht, sind Steckdosen und Schalter. In den Wänden dahinter sind Leitungen verlegt. Die elektrischen Leitungen führen über den Stromzähler, unter Straßen entlang, in die Umspannstation. Hier tauchen sie aus dem Boden auf, überbrücken an hohen Strommasten große Entfernungen und enden schließlich in einem Elektrizitätswerk.

Und was bringt im Elektrizitätswerk den Strom zum Fließen?

Viel Technik steckt dahinter, und technische Entwicklungen beginnen fast immer mit einer bedeutenden Erfindung. Bei der Stromerzeugung und -versorgung waren es gleich drei Erfindungen: der GENERATOR, die DAMPFMASCHINE und die GLÜHLAMPE.

Erstens: Strom aus Bewegung – der GENERATOR

1866 experimentierte WERNER VON SIEMENS mit einem Elektromotor, der zu dieser Zeit bereits bekannt war. Für das praktische Leben war der Elektromotor bislang völlig bedeutungslos geblieben, weil es noch keine Quelle für starken elektrischen Strom gab. Elektrizität lieferten zwar Metallplatten, die man in Säure tauchte, aber der Strom dieser ersten Batterien war viel zu schwach, um damit einen Motor anzutreiben und dessen Kraft zu nutzen. Wie viele andere suchte auch Werner von Siemens nach einer stärkeren „Stromquelle". Er überlegte: Wenn Strom durch den Elektromotor fließt, dreht sich dieser. Was würde aber geschehen, wenn man umgekehrt den Motor mit der Hand bewegt? Siemens drehte mit aller Kraft einen Elektromotor, der an eine Batterie angeschlossen war, und zwar gegen die Richtung, in der der Motor lief. Er beobachtete etwas Merkwürdiges. Der Motor und die elektrischen Leitungen wurden sehr heiß. Dies war ein Zeichen dafür, daß ein starker Strom geflossen sein mußte! Aus der Batterie konnte dieser Strom jedoch nicht stammen.

Siemens hatte etwas Neues entdeckt. Statt Strom in Bewegung umzuwandeln, wie es im Elektromotor geschieht, war es ihm gelungen, durch Kraft und Bewegung elektrischen Strom zum Fließen zu bringen. Ein Strom-Erzeuger, der GENERATOR, war erfunden.
Heute ist der Generator vom Dynamo am Fahrrad bis zu den gewaltigen Maschinen im Elektrizitätswerk – die Quelle für unseren elektrischen Strom. Aber man braucht dazu Kraft und Bewegung! Beim Fahrraddynamo liefern wir sie selbst – mit unserer Muskelkraft. Und beim Elektrizitätswerk?

Zweitens: Bewegung aus heißem Dampf – die DAMPFMASCHINE

Das, was im Elektrizitätswerk den Generator bewegt, hat nicht nur einen, sondern gleich mehrere Erfinder. Einer war der französische Arzt DENIS PAPIN, der sich noch mehr als für seine Patienten für Dampf und Maschinen interessierte. Im Jahre 1682, also fast 200 Jahre vor der Erfindung des Generators, baute er den ersten Dampfdruck-Kochtopf der Welt. Papin füllte Wasser in einen selbstgebauten zylinderförmigen Topf und kochte es. Als das Wasser zu Dampf wurde, setzte er einen dichtschließenden Deckel auf den Topf, nahm ihn vom Feuer und wartete. Der Topf kühlte sich ab, und mit einer enormen Kraft wurde der Deckel in den Topf gezogen. Papin setzte den Topf erneut aufs Feuer. Als das Wasser wieder zu sieden begann, drückte sich der Deckel heraus, beim erneuten Abkühlen schob er sich wieder hinein.

Die Idee der DAMPFMASCHINE war geboren! Papin ersetzte den Deckel durch einen Kolben. Beim Abkühlen des Topfes zog sich der Dampf zusammen und wurde wieder zu Wasser. Als Flüssigkeit nahm das Wasser aber weniger Raum ein als der Dampf. Im Topf entstand ein Vakuum bzw. ein Unterdruck. Der Kolben wurde mit großer Kraft in den Topf hineingezogen. Beim Erwärmen wandelte sich das Wasser wieder in Dampf um und drückte den Kolben mit Wucht heraus.

Papin hatte es entdeckt: Mit Dampf läßt sich etwas bewegen. Eine „Dampf-Maschine" war erfunden. Aber

Versuch: Luftdruck gegen Dampfdruck

Gebraucht werden:
– eine Kunststoffflasche mit dichtem Verschluß,
– kochendes Wasser.

Das sprudelnd kochende Wasser, zum Beispiel aus einem Teekessel oder einem Boiler, gießt man in die Flasche, so daß sie etwa zu einem Drittel gefüllt ist. Danach wird sie fest verschlossen. Hält man jetzt die Flasche unter einen kalten Wasserstrahl oder taucht sie in eine Schale mit Wasser ein, verformt sich die Flasche: Sie sieht schließlich zerknautscht und wie zusammengedrückt aus.
Die Flasche wird tatsächlich zusammengedrückt – von dem Druck der Luft um uns herum. Solange sie offen und leer ist, wirkt der Luftdruck von außen und innen. Füllt man das kochende Wasser ein, verdrängen Wasser und Dampf die Luft in der Flasche. Beim Abkühlen zieht sich der Wasserdampf zusammen – wie bei den ersten Dampfmaschinen. Der Druck in der verschlossenen Flasche wird kleiner als der von außen wirkende Luftdruck.
Achtung: einige Kunststoffe werden mit heißem Wasser sehr weich und können reißen. Der Versuch muß deshalb über einer Schale oder einem Waschbecken durchgeführt werden.

bis zu der Maschine, mit der Dampfkraft wirklich genutzt werden konnte, war es noch ein weiter Weg. Viele Erfinder tüftelten immer neue Maschinen aus. Die funktionierten zwar, hatten aber einen entscheidenden Nachteil: Alle Maschinen verschlangen enorme Mengen Kohle, um den Dampf zu erzeugen. Kohle war aber ein begehrter Brennstoff! Man brauchte sie, um die Häuser zu heizen und um Metalle aus Erzen herauszuschmelzen. Die Kohleschichten an der Erdoberfläche hatte man bereits ausgebeutet. Um an das begehrte „schwarze Gold" heranzukommen, mußte immer tiefer gegraben werden. Ein großes Problem war dabei das Wasser, das sich immer wieder in den Gruben sammelte. Es herauszupumpen war Schwerstarbeit. Häufig waren mehr Bergleute und Pferde, die man als Arbeitstiere auch unter Tage einsetzte, damit beschäftigt, das Wasser aus den Schächten herauszupumpen, als Kohle zu fördern.

Englische Kohlegrube um 1725: Die Dampfmaschine verschlang viel Kohle.

Gerade die mühselige Arbeit im Bergwerk konnte die Dampfmaschine übernehmen. Wasserpumpen ließen sich damit antreiben und Förderkörbe hochziehen. Die Kohle für die Maschine war ja unmittelbar „vor Ort". Allerdings war der Kohlenhunger dieser ersten Maschinen unersättlich. Kritische Zeitgenossen spotteten, daß diese Feuermaschinen für den Betrieb eine eigene Kohlengrube benötigten, um in einer zweiten Grube das Wasser abzupumpen.

Feldarbeit war noch vor rund 50 Jahren Schwerstarbeit und erforderte viel Muskelkraft von Mensch und Tier.

Das änderte sich erst, als der Schotte JAMES WATT eine solche Maschine reparieren sollte. James Watt fiel bald auf, daß bei den bislang gebauten Maschinen die Wärme zu einem großen Teil verschwendet wurde. Bei diesen Maschinen mußten Zylinder und Kolben jedes Mal abgekühlt werden, damit der Dampf sich zusammenzog und den Kolben nach unten saugte.

Danach wurde viel Wärme und damit auch Kohle gebraucht, den Zylinder wieder aufzuheizen und neu mit Dampf zu füllen. Watt kam auf die Idee, den Zylinder immer heiß zu lassen, ihn sogar zu isolieren, damit keine Wärme verlorenging. Der Dampf sollte in einem gesonderten Gefäß, das durch eingespritztes Wasser gekühlt wurde, kondensieren und sich zusammenziehen. Durch den Unterdruck darin würde der heiße Dampf über ein Ventil aus dem Zylinder gesaugt. Watt baute die Maschine um – es funktionierte! Seine neue Maschine verbrauchte im Vergleich zu den Vorgängern nur noch ein Viertel der Kohlenmenge.

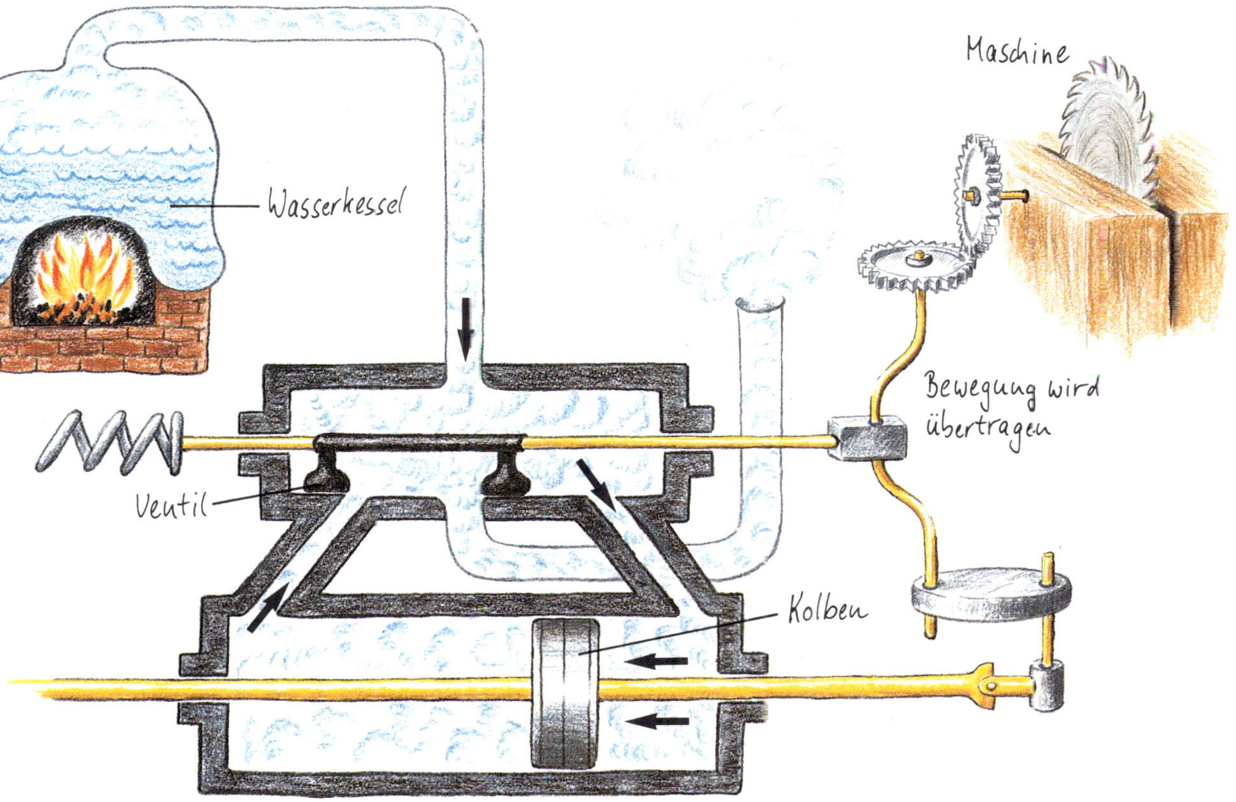

Damit gab sich James Watt aber nicht zufrieden. Ließ sich die Dampfkraft nicht noch besser nutzen, vielleicht sogar auf doppelte Weise? Wenn man in den Zylinder ober- und unterhalb des Kolbens immer abwechselnd Dampf einließ und absaugte, mußte die Kraft des Dampfes doch doppelt so groß werden.

Im Jahre 1788 – mehr als hundert Jahre waren nach der Entdeckung von Papin vergangen – drehte sich fauchend und ächzend die „doppelt wirkende Dampfmaschine" von James Watt, in der er all seine Ideen verwirklicht hatte. Sie war von 1788 an siebzig Jahre lang ununterbrochen in Betrieb. Zischend und fauchend leistete sie 12 PS, das entspricht etwa 9 kW (siehe S. 14). Man sagt, Watt habe die Maschine immer besonders laut eingestellt, wenn er sie möglichen Käufern vorführte. Damals hielten die Leute Krach und Lärm noch für Zeichen von Kraft und Stärke.

Eiserne Engel – das MASCHINENZEITALTER

Mit der Dampfmaschine begann sich das Leben und Arbeiten der Menschen entscheidend zu verändern. Man war nicht länger nur auf die Kraft der Muskeln angewiesen. In den Kohlebergwerken wurde mit Dampfmaschinen nicht nur Wasser abgepumpt, sondern auch Frischluft eingeblasen, Kohle nach oben befördert und neue, immer tiefere Schächte wurden in die Erde getrieben.

Viele Arbeiten konnten nun mit Hilfe der Dampfmaschine verrichtet werden. Denn die Dampfkraft leistete weit mehr, als menschliche Arbeitskraft vermochte. Bisher mußten Menschen die Schleifsteine drehen, Hämmer niedersausen lassen, Sägen führen und Spinnräder und Webstühle in Bewegung halten. Jetzt konnte die Dampfmaschine alle diese Arbeitsgeräte

James Watts doppelt wirkende Dampfmaschine (siehe auch Schema S. 9), daneben der Feuerkessel

antreiben. Infolgedessen wurde menschliche Arbeitskraft zu einem Teil überflüssig, es wurde „rationalisiert" – würden wir heute sagen –, das heißt viele Tagelöhner und Handwerker verloren ihre Arbeit. Für die Besitzer von Fabriken und größeren Betrieben waren die Maschinen die „Eisernen Engel", für die Arbeitslosen ein Teufelswerk. Mit der Dampfmaschine wurde deutlich: Technischer Fortschritt kann unterschiedliche Auswirkungen haben. Bald gab es keinen Handwerks- oder Industriebetrieb mehr, der nicht durch die Dampfmaschine verändert wurde. Selbst wenn keine Dampfmaschine angeschafft wurde oder angeschafft werden konnte, wirkte sich das aus. Im Vergleich zu den Betrieben, die mit Dampfmaschinen arbeiteten, wurde man, wenn man sich nur auf die Muskelkraft verließ, zu langsam und zu teuer.

Kaum 30 Jahre nachdem sich James Watts verbesserte Maschine zum ersten Mal gedreht hatte, arbeiteten in England bereits 10 000 Dampfmaschinen. Und jede dieser Maschinen trieb nicht nur einen Webstuhl oder einen Schleifstein an, sondern Dutzende gleichzeitig. Über Rollen und Riemen wurde die Maschinenkraft weitergeleitet und verteilt.

In großen Fabrikhallen wurde jetzt produziert, was vor der Erfindung der Dampfmaschine in vielen kleinen Handwerksbetrieben in Handarbeit gefertigt worden war. Die Treibriemen wurden zum Symbol für die beginnende Industrialisierung. Zunächst war der Einsatz der Maschinen noch begrenzt. Die Kraft der Maschinen wirkte nur so weit wie die Treibriemen – also nur einige Meter weit. Aber auch das änderte sich bald. Maschinenkraft ersetzte immer mehr Muskelkraft.

Kraft-Werke

Siemens hatte seinen Generator weiter verbessert und verband ihn im Jahre 1881 zum ersten Mal mit einer Dampfmaschine. Sie sollte die Kraft liefern. Die Maschine wurde angeheizt, sie begann sich zu drehen, und der Generator lieferte elektrischen Strom. Zwei Kabel leiteten den Strom zu einem Elektromotor, und der Motor begann sich zu drehen. Elektrische Kabel statt Treibriemen – diese Erfindung prägt bis heute unser Leben!

Kabel lassen sich über große Strecken verlegen. Die Kraft der Dampfmaschine kann jetzt statt nur wenige Meter viele Kilometer weit entfernt genutzt werden. Etwas völlig Neues war entstanden: das KRAFT-

Eine Dreherei im Jahre 1849: Treibriemen übertragen die Bewegungsenergie auf die einzelnen Maschinen.

WERK. Maschinen produzierten Kraft, die jetzt weitergeleitet und an anderer Stelle zu völlig unterschiedlichen Zwecken genutzt werden konnte. Bisher wurde zum Beispiel Kohle verkauft und mühselig transportiert, um Energie daraus zu erzeugen. Jetzt konnte Energie direkt verschickt und verkauft werden. Energie wurde zu einer Ware!

Bereits 1882 ging in New York das erste Kraftwerk in Betrieb. Danach eines in London und in Mailand, zwei Jahre später wurden die Berliner Elektrizitäts-Kraftwerke gegründet. Keine andere technische Erneuerung hatte sich derart schnell ausgebreitet. Offensichtlich war der elektrische Strom, den die Werke lieferten, sehr gefragt.

Drittens: Elektrisches Licht – die GLÜHLAMPE

Aber nicht nur Maschinen wurden mit dem Strom angetrieben, vor allem faszinierte das elektrische Licht die Menschen. Das war neu, daß etwas leuchtete, ohne zu brennen, ohne zu rauchen und ohne angezündet werden zu müssen. Für elektrisches Licht gab es viele Anwendungen: Plätze und Straßen, Wohnungen und Geschäfte hätten mit elektrischem Licht beleuchtet werden können.

THOMAS ALVA EDISON hatte bereits einen besonders haltbaren Glühfaden entwickelt. Dazu hatte er auch gleich noch Lampenfassungen konstruiert. Die Glühbirne war also längst erfunden, aber der elektri-

Elektrische Straßenbeleuchtung in London - im vorigen Jahrhundert noch eine Sensation

sche Strom bzw. die Kraftwerke fehlten – bis Edison in New York das erste Kraftwerk der Welt, die „Centralstation", in Betrieb nahm. Nach einem Jahr waren bereits 10 000 Lampen angeschlossen. Die Berliner Elektrizitätswerke starteten mit 5 000 Lampen, zehn Jahre später brachten sie bereits 300 000 Glühbirnen zum Leuchten. Immer mehr Kraftwerke wurden gebaut, und ein immer dichteres Netz von Stromleitungen ermöglichte es, elektrische Energie immer „weiter" zu transportieren und zu nutzen.

Ein Griff zum Schalter – und Licht leuchtet, der Küchenmixer dreht sich, die Herdplatte erwärmt sich, das Radio spielt. Für uns ist das heute selbstverständlich. Begonnen hat diese Entwicklung mit der Erfindung der Dampfmaschine, des Generators und der Glühbirne.

Die Technik entwickelte sich weiter. Heute hat im Elektrizitätswerk die Dampfturbine die Dampfmaschine abgelöst. Die Generatoren wurden verbessert und liefern immer mehr Strom.

Energie einmal hin und zurück

Um den Strom zu erzeugen, wird auch heute in Kraftwerken immer noch Kohle verbrannt.

Denn in der Kohle ist Energie gespeichert. Sie wird als Wärme frei, wenn die Kohle verbrannt wird. Die Wärmeenergie verwandelt das Wasser in Dampf, der unter hohem Druck steht. Die Energie steckt im Dampf, der eine Turbine in Bewegung setzt. Diese Bewegungsenergie formt der Generator dann in elektrische Energie um.

Ein Kraftwerk produziert also keine Energie, sondern wandelt die Energie in der Kohle über mehrere Stufen in eine andere Form, in elektrische Energie, um. Sie wird in Stromleitungen verschickt, zu uns nach Hause, in Schulen und Schwimmbäder, in Behörden und Betriebe, in Werkstätten und Fabriken. Dort wird die Energie wieder zurückverwandelt, denn mit dem elektrischen Strom an sich kann man nichts anfangen. Ihn braucht man, um die Energie zu transportieren. Im Haushalt zum Beispiel wandelt der Küchenmixer die elektrische Energie wieder in Bewegungsenergie um, die Glühlampe verwandelt sie in Lichtenergie und der Elektroherd oder der Wasserboiler in Wärmeenergie – also wieder in die Energieform, mit der wir im Elektrizitätswerk beim Verbrennen der Kohle begonnen haben.

Woher stammt die Energie in der Kohle? Die Antwort finden wir, wenn wir viele Millionen Jahre zurückschauen. Kohle – das waren in der Urzeit Wälder. Damals wie heute brauchten Pflanzen Sonnenlicht, um zu wachsen. Mit dem Holz, das sie bilden, speichern die Bäume die Energie. Die Kohle ist also gespeicherte Sonnenenergie! Ein langer Weg der Energie von der Sonne über viele Stationen und Formen bis zum warmen Wasser aus dem Hahn zu Hause! Hätte man da nicht gleich die Sonne anzapfen können, um das Wasser zu erwärmen?

Die Energie scheint ein Chamäleon zu sein, das sich ständig verändern kann. Mal zeigt sie sich als Wärme, mal als Bewegung, mal als Höhe. Dabei spielt es keine Rolle, ob und wie oft die Energie von einer Form in eine andere umgewandelt wird. Aber die Sache hat einen Haken.

Das Kraftwerk – ein „Verlustbetrieb"

Die Energie läßt sich nicht immer so umwandeln, daß wir sie ganz nutzen können. Im Kraftwerk beginnt dies beim Verbrennen der Kohle. Nicht alle Wärmeenergie wird im Wasserdampf gespeichert, ein Teil verschwindet mit den heißen Rauchgasen zum Schornstein hinaus. Durch ausgefeilte Technik lassen sich diese Verluste verringern.

Problematischer ist es bei der Turbine: Sie setzt die Energie, die im Dampf steckt, nur zu etwa $1/3$ in Bewegung und über den Generator in elektrische Energie um. Nun könnte der Verdacht aufkommen, beim Bau der Turbine sei schlampig gearbeitet worden.

Auch ein modernes Kohlekraftwerk kann die Wärmeenergie nur zum Teil in elektrische Energie umwandeln.

Energie – Arbeit – Leistung

Hier wird gearbeitet.

Die Energie steckt in der Höhe, die der Radfahrer erstrampelt hat.

Wenn es wieder bergab geht, verwandelt sich diese Energie in Geschwindigkeit …

… und beim Bremsen in Wärme.

Jede Form der Energie wird in der Einheit Joule (J) angegeben.
Benannt ist diese Einheit der Energie nach James Prescott Joule, der die Umwandlung von Bewegung und Strom in Wärme untersuchte. Er lebte im 19. Jahrhundert in England, war Physiker und besaß außerdem eine Bierbrauerei. 1 J wird zum Beispiel gebraucht, wenn 1 kg etwa 10 cm hoch gehoben wird.

Bei einem Gewicht von 50 kg benötigt unser Radfahrer für einen 20 m hohen Hügel eine Energie von etwa 10 000 J (1000 J = 1 kJ).
Diese aufgewendete Arbeit bzw. die erreichte Energie hat nichts damit zu tun, wie schnell er den Hügel hinaufgestrampelt ist.

Wird jedoch in einer bestimmten Zeit mehr Arbeit „geleistet", ist die vollbrachte Leistung größer. Leistung ist Arbeit, bezogen auf die Zeit, in der sie geleistet wird:

$$\text{Leistung} = \frac{\text{Arbeit}}{\text{Zeit}}$$

Die Einheit, in der Leistung angegeben wird, ist das Watt (W):

$$1\ \text{Watt} = \frac{1\ \text{Joule}}{1\ \text{Sekunde}}$$

Der Schotte James Watt verbesserte die Dampfmaschine entscheidend. Seine Maschinen ersetzten zuerst die in den Bergwerken arbeitenden Pferde. Um den Leuten die Stärke seiner Maschinen zu veranschaulichen, verglich Watt ihre Leistung mit der eines Grubenpferdes. Die Pferdestärke, abgekürzt PS, wurde das Maß für Leistung. Doch entweder trieb Watt bei dem Vergleich die Tiere zu Höchstleistungen an oder er verrechnete sich. Denn ein Pferd leistet normalerweise erheblich weniger als die Pferdestärke, die Watt ihm zumaß (1 PS entspricht 736 W).

Wer leistet oder verbraucht wieviel?

Maus   1/4 W
Goldhamster   1/2 W
Elefant   3 000 W
Mensch   100 W in Ruhe
                 200 W bei normaler Anstrengung
                 500 W als Spitzenleistung
Pferd   600 W bei normaler Arbeit
Glühbirne   20–100 W
Durchlauferhitzer
                 15 000 W = 15 kW
                     1 kW (Kilowatt) = 1000 W

Elektro-Lok des ICE
                 5000 kW = 5 MW
                     1 MW (Megawatt) = 1000 kW

kleineres Kraftwerk
                 50–100 MW
mittleres Kraftwerk
                 500 MW
Groß-Kraftwerk
                 1000 – 2000 MW = 1–2 GW

                     1 GW (Gigawatt) = 1000 MW

Beim elektrischen Strom ist es üblich, die Energie nicht in Joule bzw. in Watt x Sekunden, sondern in Kilo-Watt-Stunden, abgekürzt kWh, anzugeben. Brennt eine Glühbirne von 100 W 10 Stunden lang, ist dazu eine elektrische Energie von 1 kWh erforderlich. Eine 20 W-Energiesparlampe leuchtet mit der gleichen Energie 50 Stunden lang.

1 kWh = 1 kW x 1 Stunde = 1 kW x 3600 Sekunden = 3600 kJ

Wie lange brauchen wir, um Kaffeewasser zum Kochen zu bringen?

Um 1 l Wasser von 15 °C, wie es aus der Leitung kommt, auf 100 °C zu erhitzen, müssen wir eine Arbeit von 356 150 J bzw. W x sec aufwenden. Wenn wir uns anstrengen, erreichen wir eine Leistung von 200 W. Diese Leistung müssen wir dann 1781 Sekunden aufbringen, das heißt, wir müssen ziemlich genau 30 Minuten strampeln, bis das Wasser kocht.

Ein Kohlekraftwerk am Wasser

Aber mehr Bewegungsenergie ist aus dem Dampf einfach nicht zu gewinnen. Der Grund dafür ist ein Naturgesetz, an dem wir nicht vorbeikommen: Wärme läßt sich nur zu einem Teil in eine andere Energieform umwandeln. Die restliche Energie bleibt als Wärme mit geringerer Temperatur übrig. Wenn bei der Turbine also nur $1/3$ der Energie des Dampfes in Bewegung umgewandelt wird, existieren die restlichen $2/3$ immer noch. Denn der Dampfstrahl, der die Turbine am Ende verläßt, ist noch über 100 °C heiß. Aber im Elektrizitätswerk kann man mit dieser Wärme nichts mehr anfangen. Sie ist Abfall und wird deshalb auch als ABWÄRME bezeichnet.

Die Energie geht also nicht verloren, sie erscheint nur in einer Form, die wir nicht haben wollen bzw. nicht gebrauchen können. Es ist sogar ein Problem, diese Energie, die Abwärme, loszuwerden. Denn den noch heißen Dampf aus der Turbine kann man nicht einfach in die Luft ablassen, er würde die Umgebung völlig vernebeln. Außerdem brauchte man dann immer neues Wasser, um Dampf daraus zu erzeugen. Aber gerade dieses Wasser muß besonders gereinigt sein, damit die Rohre im Dampferzeuger nicht verkalken oder verschmutzen. Also wird der Dampf wiederverwendet, er wird gekühlt. Das geschieht in großen Kühltürmen, die das übrige Kraftwerk hoch überragen. Von weitem sehen sie wie riesige, umgestülpte Becher aus.

Zum Kühlen werden gewaltige Wassermengen benötigt. Daher stehen Großkraftwerke immer an Flüssen. Mit dem Wasser, das man dem Fluß entnimmt, wird der Dampf aus der Turbine abgekühlt, der dann als Wasser wieder dem Feuerraum zugeführt wird. Von dem Flußwasser verdampft ein Teil und quillt als mächtige weiße Wolke aus dem Kühlturm. Den Rest des nun warmen Kühlwassers leitet man in den Fluß zurück – und heizt ihn damit auf. Von der Energie in der Kohle werden also in einem Elektrizitätswerk $2/3$ nicht genutzt. Ist das nicht eine Riesenverschwendung?

Geheimnisvolle Energie

Sehen können wir Energie nicht. Energie zeigt sich nur, wenn sie sich von einer Form in eine andere umwandelt, zum Beispiel wenn etwas verbrennt, sich etwas bewegt, etwas leuchtet. Dabei verschwindet die Energie nicht, sie bleibt von der Menge her erhalten. Sie wird nicht weniger, auch nicht mehr, sie wechselt nur die Form. Manchmal fällt es schwer, herauszufinden, wo sie geblieben ist. Wenn man mit dem Fahrrad einen Berg hinaufstrampelt, verwandelt sich die Muskelkraft in die Energie der Höhe, die man dabei gewinnt. Bergab verwandelt sich diese Energie in Geschwindigkeit. Wo aber bleibt die Energie, wenn wir die Bremse ziehen, langsamer fahren und halten? Das Rätsel löst sich, wenn wir die Bremse berühren: Sie ist warm geworden.

oben: Ein Feuer im Freien – aus chemischer Energie wird Wärmeenergie.

rechts: Eine elektrische Spannung entlädt sich und verwandelt sich in Licht – es blitzt.

Bei vielen anderen Vorgängen verwandelt sich Energie ebenfalls in Wärme, ohne daß wir es wollen. Auf ebener Strecke wird unser Fahrrad langsamer und bleibt schließlich stehen, wenn wir zu treten aufhören. Die Bewegungsenergie hat sich auch hier in Wärme verwandelt, in Reibungswärme: Die Reifen werden beim Rollen über den Boden zusammengedrückt. Sie werden durch die Reibung warm. Dies gilt ebenfalls für die Lager des Vorder- und Hinterrades. Der größte Anteil an Reibung entsteht dadurch, daß der Fahrradfahrer gegen den Luftwiderstand fährt. Auch dieser Luft wird wärmer. Wärme scheint am Ende jeder Energieumwandlung zu stehen.

Perpetuum mobile

Ein Perpetuum mobile ist eine Maschine, die sich fortwährend bewegt – ohne immer wieder angestoßen werden zu müssen, ohne Strom, Kraftstoff oder irgendeine Energie zu benötigen. Diese „Energie aus dem Nichts" ist ein alter Traum der Menschheit. Schon vor tausend Jahren wurde in Indien ein Rad vorgeschlagen, an dem zur Hälfte mit Quecksilber gefüllte Gefäße angebracht sind. Das Quecksilber fließt jeweils zur unteren Gefäßseite. Auf der rechten Hälfte des Rades sollte die schwere Flüssigkeit, insgesamt weiter außen als auf der linken sein, damit die größere Hebelkraft haben und das Rad drehen.

Ein Perpetuum mobile aus dem Mittelalter sollte sich immerfort mit Wasser bewegen. Es treibt ein Wasserrad an, das seinerseits eine Wasserschnecke dreht, in der das Wasser wieder hochgepumpt wird (siehe Abbildung).

Später dachte man sich ewig drehende Maschinen, durch Magnetkraft angetrieben, aus. Eine Kette aus Eisenkugeln sollte von einem Magnetstein so angezogen werden, daß sie ein Rad in Bewegung hielt. Dabei vergaß man, daß die Kugeln die anziehende Kraft des Magneten auch erfahren, wenn sie daran vorbeigelaufen sind. Die Kräfte heben sich auf diese Weise auf.

Wir wissen heute, daß es eine Maschine, die sich bewegt und Arbeit leistet, aber keine Energie verbraucht, nicht geben kann. Dennoch werden immer noch etwa 200 Vorschläge im Jahr bei unserem Patentamt einge-

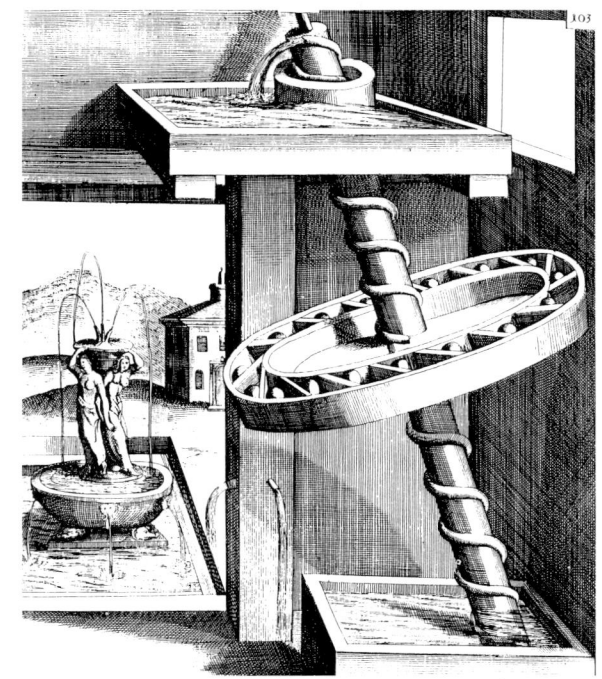

reicht. Der Traum von einem Perpetuum mobile, das unsere Energieprobleme mit einem Schlag lösen könnte, bleibt bestehen.

Gibt es vielleicht doch ein sich immer drehendes Rad?

Mit der Energie geht's bergab

Mit der Energie ergeht es uns ebenso wie im Märchen vom „Hans im Glück": Jedes Mal machen wir einen schlechten Tausch, wenn wir sie in eine andere Form umwandeln, um sie zu nutzen. Wir beginnen mit einem Goldklumpen: mit der Energie des Sonnenlichts, der Bewegung oder des Stroms. Und übrig bleibt schließlich ein Mühlstein: die Energie als Wärme. Im Gegensatz zu Hans im Glück, der den Mühlstein einfach wegwerfen konnte, haben wir häufig noch Mühe, diesen Ballast, die Abwärme, loszuwerden. Gold gegen einen Mühlstein einzutauschen ist nicht schwer, ebensowenig Strom- oder Bewegungsenergie gegen Wärmeenergie. Umgekehrt aber Wärme in Strom oder Bewegung zu verwandeln, das ist

weitaus schwieriger. Auch das Kraftwerk mit aufwendiger Technik benötigt dreimal mehr Wärmeenergie, als wir am Ende an elektrischer Energie erhalten. Dafür bekommen wir beim Kraftwerk zwar auch Wärme wieder heraus, aber die ist weniger gut nutzbar als die Wärme, die wir zu Anfang hineinstecken mußten.

Heiß und kalt – „verdünnte" Wärme

Wieso kann eine Wärme weniger gut nutzbar sein als eine andere? Sogar ein und dieselbe Menge Wärmeenergie kann unterschiedlich verwendbar sein. Nehmen wir an, wir hätten Wasser mit einer Temperatur von 0 °C. Wir können nun mit der gleichen Energiemenge entweder 1 Liter davon auf 100 °C oder 2 Liter auf 50 °C erhitzen. Mit dem heißen Wasser können wir Tee, Frühstückseier oder Suppe kochen. Das warme Wasser jedoch können wir nur zum Waschen und Spülen verwenden. Das aber können wir mit dem heißen Wasser zusätzlich auch noch tun! Wir brauchen es nur mit einem Liter des kalten Wassers zu mischen. Umgekehrt geht das nicht, warmes Wasser können wir nur mit zusätzlicher Energie zum Kochen bringen. Das heiße Wasser bietet also weit mehr Möglichkeiten als das warme. Obwohl beide die gleiche Energiemenge besitzen, ist es mehr wert.

Alleskönner Strom

Früher gab es die Steinzeit, die Bronze- und die Eisenzeit. Wir leben heute in der „Stromzeit". Die elektrische Energie prägt entscheidend unsere Umgebung, sie ist das „Werkzeug" der heutigen Zeit. Strom macht uns mobil, ob wir mit Straßen-, S- und Eisenbahn fahren oder uns von Rolltreppen, Aufzügen und Liften befördern lassen. Strom bringt alles in Bewegung, im Haushalt den Küchenmixer, die Waschmaschine, den Staubsauger. In der Industrie bewegt Strom Maschinen, Roboter, Förderbänder, Greifer. Ohne Strom gäbe es keinen Alu-Deckel auf dem Joghurtbecher und keine Großraumflugzeuge, die aus diesem leichten Metall gebaut werden. Denn Aluminium läßt sich nur mit enormen Mengen Strom aus dem Erz gewinnen. Glas wird mit Strom zum Schmelzen gebracht und kann wiederverwendet werden. Fahrradlenker, Wasserhähne und Schlüsselanhänger werden mit Hilfe von elektrischem Strom verchromt. Fernsehen, Radiohören, Telefonieren und Computerspielen funktioniert nur mit Strom. Strom macht die Nacht zum Tag, erhellt Häuser, Straßen, Sportplätze, erleuchtet Anzeigen und Reklamen. Ampeln brauchen ebenso Strom wie ein Laser in der Disco oder bei einer medizinischen Behandlung. Das Wasser zum Duschen oder Baden und die Luft im Föhn werden durch Strom erwärmt. Stahl wird mit dieser elektrischen Energie geschmolzen, die Toastscheiben werden knusprig damit, Lebensmittel im Kühlschrank oder in der Tiefkühltruhe vor dem Verderben geschützt. In der Mikrowelle werden sie mit Strom aufgetaut und auf dem Küchenherd gekocht. Und wenn es im Zimmer kühl wird, wärmt der elektrische Heizofen.

Strom ist einfach da! Wie selbstverständlich er für uns geworden ist, bemerken wir erst, wenn der Strom einmal ausfällt. Eine elektrische Sicherung brennt durch – und Chaos herrscht im Haus! Stromausfall in der Stadt – das Leben bricht zusammen! Nichts geht mehr, und uns wird bewußt, wie abhängig wir von dieser Energie geworden sind!

Wir haben es gern bequem und „lassen für uns arbeiten". Dafür eignet sich der elektrische Strom wie keine andere Energieform. Er kommt ins Haus, ohne daß wir uns darum kümmern müssen. Dort ist er durch Steckdose, Stecker und Kabel überall „abrufbereit". Verhältnismäßig einfach läßt er sich in alle anderen Energieformen umwandeln. Dabei ist er leise, riecht nicht, qualmt nicht, stört nicht und scheint keinerlei „Nebenwirkungen" zu haben.

Aber jedesmal, wenn wir Strom verbrauchen, verbrennt dabei ein vor Millionen von Jahren versunkener Baum im Feuerraum des Elektrizitätswerks. Denn Kohle ist aus versunkenen Urwäldern entstanden.

Ur-Wälder

Die Sonne brütet, die Luft ist warm und stickig. Aus dem morastigen Boden ragen riesige Pflanzen auf: baumhohe Schachtelhalme, große Farne mit üppigen Wedeln, Schuppenbäume, deren Stämme aussehen wie gigantische Tannenzapfen, Siegelbäume mit grünen Fächern und Bärlappgewächse, deren mächtige Triebe sich wie Schlangen nach oben winden.

Einer der Stämme neigt sich unter der Last der üppigen Krone, die Wurzeln verlieren den Halt in dem schlickigen Grund. Dumpf und platschend schlägt der Baum im Morast auf. Dunkles Wasser sammelt sich zu einem Tümpel, in den der Stamm langsam einsinkt. Allmählich schließt sich der Morast und deckt den Baum zu. Die Sonne geht unter.

Daß Kohle sich aus früheren Urwäldern gebildet hat, beweisen Baumstämme, die beim Kohleabbau entdeckt wurden. Sie sind total verkohlt und dabei so gut erhalten, daß die Struktur der Rinde noch genau zu erkennen ist.

In einem Kohleflöz entdeckt: ein halb verkohlter Baumstumpf
links: Aus versunkenen Urwaldbäumen entstand Steinkohle.

Aber nur einen kleinen Teil der Wälder, die vor vielen Millionen Jahren unsere Erde bedeckten, finden wir heute als Kohleschicht wieder. Denn normalerweise geschah mit einem Baum, der abstarb, damals das gleiche wie heute.

Kleinlebewesen, Bakterien und Pilze zersetzten ihn. Das Holz wurde brüchig, faulte und schien nach einiger Zeit ganz verschwunden zu sein. Die Stoffe, aus denen der Baum bestand, gingen aber nicht verloren. Sie wurden umgewandelt. Ein Teil stieg als Gase in die Luft, der im Boden verbleibende Rest diente neuen Pflanzen als Nahrung und Dünger. Alles wurde wiederverwendet.

Um die Pflanzenreste abzubauen, brauchen die meisten der Kleinstlebewesen Sauerstoff zum Atmen. Der fehlt, wenn die Pflanzen im Wasser oder Morast versinken. Jetzt können nur noch so che „Abbauer" ans Werk gehen, die auch ohne Sauerstoff auskommen. Die Pflanzen werden dabei aber nur zu einem Teil zersetzt, sie verwesen nicht vollständig, sondern vermodern. Genau das geschieht heute im Moor. Nach einigen tausend Jahren wird aus den Pflanzenresten Torf. Damit sich Kohle bilden konnte, müssen die früheren Urwälder den heutigen Sumpfwäldern ähnlich gewesen sein, zum Beispiel den Everglades in Florida.

Verkohlen

Die abgestorbenen Bäume versanken langsam und wurden vom Morast bedeckt. Kein Sauerstoff kam an sie heran. Die immer dicker werdende Schicht aus Pflanzenresten ragte zum Teil noch aus dem Wasser heraus und ermöglichte so, daß immer neue Pflanzen darauf wuchsen. Auf diese Weise entstand eine mächtige Schicht aus vermodernden Pflanzenresten. Das Klima veränderte sich, die Erde bewegte sich, und auf den Pflanzenschichten lagerter sich im Laufe der Zeit Schlamm, Sand und Gestein ab. Die Schichten wurden zusammengepreßt und verwandelten

Erlenbruchwald bei Windach. Dieser urwüchsige Sumpfwald wurde trockengelegt – für den Autobahnbau!

sich: die Kohlebildung begann. Aus dem Torf entstand eine festere, aber immer noch feuchte braune Masse, die BRAUNKOHLE. Je mehr Gesteinsschichten sich im Laufe von Jahrmillionen ablagerten, desto größer wurde der Druck und desto höher die Temperatur, die ja mit zunehmender Tiefe in der Erde zunimmt. Wasser und Gas wurden fast vollständig aus der Braunkohle herausgepreßt, die ursprüngliche Pflanzenschicht verwandelte sich in eine immer dunklere, schließlich schwarze Masse, die so fest wie Stein ist, die STEINKOHLE. Sie ist also, älter als die Braunkohle, einige hundert Millionen Jahre alt und liegt im allgemeinen in tieferen Bodenschichten. Die ursprünglich viele Meter dicke Pflanzenschicht wurde auf etwa einen Meter dicke KOHLEFLÖZE zusammengepreßt, die wir heute in Bergwerken abbauen. Die jüngere Braunkohle ist nur 20 bis 60 Millionen Jahre alt, und ihre Schichten sind noch mehrere Meter stark. Sie werden im Tagebau abgebaggert. Fast die gesamte Braunkohle und der überwiegende Teil der Steinkohle, die wir heute aus dem Boden holen, verheizen wir in Kraftwerken, um Strom daraus zu erzeugen. Nur – die unterirdischen Wälder wachsen nicht nach. Obwohl wir das wissen, verbrauchen wir riesige Mengen davon. Bei der Braunkohle sieht man die Folgen besonders deutlich. Immer neue Abbaugebiete müssen erschlossen werden.

Moderne Monster auf dem Weg in die Urzeit

Vor dem dunklen Himmel werfen grelle Lampen ihre Lichtkegel in die Nacht. Sie beleuchten eine gespenstische Szene. Ein Ungetüm aus Stahl, so schwer wie 3000 Autos, schiebt sich auf breiten Eisenketten langsam vorwärts. Die Häuserzeile, hinter der es sich jetzt vorbeibewegt, scheint im Vergleich dazu auf Spielzeuggröße zu schrumpfen. Das Monster mit einer Höhe von nahezu 100 m überragt sie bei weitem. Allein sein Kopf, ein riesiges Rad mit mächtigen schaufelförmigen Zähnen, hat schon die Höhe eines siebenstöckigen Hochhauses. Langsam wälzt sich das Ungetüm auf eine Eisenbahnstrecke zu. Der gesamte Bahndamm ist an dieser Stelle mit einer meterdicken Sandschicht zugeschüttet. Strommasten und Oberleitungen sind abmontiert. Das stählerne Monster würde sonst alles zermalmen. Auch die Straße, auf die es sich jetzt zubewegt, wurde mit Erde abgedeckt. Hunderte von Schaulustigen verfolgen hinter

200 m lang ist dieser Schaufelradbagger. Er räumt die Erde über der Braunkohle ab und fördert die Kohle.

Absperrungen gespannt, wie der Koloß unaufhaltsam darüber hinwegwalzt. Bei einer Länge von 200 m dauert dieses unheimliche Schauspiel fast eine halbe Stunde. Bis Tagesanbruch wird sich der Gigant noch einige Kilometer weiterbewegen. Sein Ziel wird er erst in einer Woche erreicht haben.
Es ist ein Gebiet, welches sich in nichts von der übrigen Umgebung zu unterscheiden scheint. Felder, Wiesen und Wälder bestimmen die Landschaft, dazwischen liegen verstreut einige Dörfer. Nur Menschen trifft man dort nicht mehr an. Die Häuser sind verlassen, die Geschäfte leer, die Schulen und einige andere Gebäude sind abgerissen. Fensterläden schlagen im Wind, Schilder warnen vor ausgelegtem Rattengift, die Gärten sehen verwahrlost aus, und der Friedhof ist zerwühlt. Man hat das Gefühl, in einer Geisterstadt zu sein. Das stählerne Monster wird hier demnächst ein riesiges Loch baggern und Braunkohle aus dem Boden herausholen. Das Dorf wird verschwinden. Die Bewohner mußten die Gegend verlassen.
„Umsiedeln" heißt das in der Fachsprache – viele empfinden es als Vertreibung. Die Menschen, die hier lebten, waren gezwungen, ihre Häuser, ihre Gärten und Felder zu verkaufen. Alle Bewohner waren davon betroffen. Es fällt schwer, sich von gewohnter Umgebung zu trennen. Das frühere Dorf hatte Geschichte. Viele Gebäude waren Hunderte von Jahren

alt. Man war hier aufgewachsen, kannte seine Nachbarn gut, hatte Freunde und Bekannte. Diese Verbindungen wurden zerrissen. Einige Leute zogen ganz aus der Gegend fort, andere in Dörfer oder Städte in der Nähe. Im neuen Dorf muß die Nachbarschaft erst wieder wachsen. Vor allem die älteren Leute leiden darunter.

Als besonders bedrückend erlebten alle die Zeit vor dem Wegzug. In einem Haus, in einem Dorf, in einer Gegend zu leben, die bald nicht mehr sein wird, macht unsicher. Man fühlt sich nicht mehr zu Hause. Erste Nachbarn ziehen weg, die Häuser verfallen. Was lohnt sich hier noch zu tun? 30 000 Menschen mußten allein im rheinischen Braunkohlegebiet zwischen den Städten Aachen, Köln und Mönchengladbach den Baggern weichen. Im gesamten Deutschland waren es in den letzten 50 Jahren mehr als 60 000 Menschen.

Braunkohletagebau

Bevor die Bagger damit beginnen, die Erde abzutragen, werden die betroffenen Häuser und Ortschaften vollständig abgerissen. Wälder werden abgeholzt und Flüsse verlegt. Auch das Wasser im Boden, das Grundwasser, wird abgepumpt. Um die Erde auszutrocknen, bohrt man im gesamten Gebiet Hunderte von Brunnen. Man pumpt das Wasser hoch und leitet es über Kanäle und Flüsse ab. Damit saugt man das im Boden gespeicherte Grundwasser ab, denn das Wasser stört beim Fördern der Braunkohle. Der Boden der Grube, die man ausbaggern will, würde versumpfen und die Grubenwände würden abrutschen. Nach dem Abpumpen des Wassers, der „Sümpfung", beginnen die Bagger damit, die obere Erdschicht abzutragen. Im rheinischen Braunkohlegebiet besteht sie aus Löß, einem feinen, lehmigen Boden, der sehr fruchtbar ist. Deshalb wird sie über lange Förderbänder viele Kilometer transportiert und gelagert. Immer tiefer graben sich die Bagger in die Erde und tragen den Boden Stufe um Stufe ab.

Auf dem flachen Bereich dieser Stufe schieben sie sich langsam voran und ihre Schaufeln fressen sich dabei immer weiter in die Böschung hinein. Das Loch in der Landschaft wird immer größer und tiefer. Es dauert einige Jahre, bis die Baggerschaufeln in mehr als 50 m Tiefe eine erste, dunkelbraune Schicht

Wie verschwindend klein ist ein Mensch gegenüber so einem Schaufelrad.

freilegen – Braunkohle. Jetzt fördert ein Bagger 200 000 m³ Kohle Tag für Tag. Er verbraucht dabei soviel Strom wie eine Stadt mit 50 000 Einwohnern. Um die abgebaggerte Kohle in Güterwagen zu transportieren, wäre jeden Tag ein Zug von insgesamt 200 km Länge erforderlich.

In der Grube wird die abgebaggerte Kohle über riesige Transportbänder weitergeleitet. Auch sie sind auf Raupenfahrzeugen montiert oder haben Schreitfüße, um dem sich vorwärtsfressenden Bagger folgen zu können. Die Bänder münden in breiten Bandstraßen, die oft direkt zu einem Großkraftwerk führen oder an einem Verladebahnhof enden. Während mehrere Bagger die Kohleschicht abbauen, tragen andere fortwährend weitere Erde ab, um neue Flöze freizulegen. Es muß sechsmal soviel Erde abgebaggert werden, wie Kohle gefördert wird. Dieser Abraum wird ebenfalls über Förderbänder zu anderen riesigen Maschinen gebracht, die die Erde dort in die Grube füllen, wo die Kohle bereits abgebaut ist.

Auf diese Weise schiebt sich das gewaltige, oft mehr als 400 m tiefe Loch immer weiter durch die Landschaft.

Hier wird auf mehreren Stufen zugleich gearbeitet: der Bagger unten fördert die Kohle, oben wird Erde abgeräumt.

Auch während die Kohle abgebaut wird, muß ständig Wasser abgepumpt werden. Für 1 t Kohle sind das etwa 10 000 l. Denn der Grundwasserspiegel muß tiefer liegen als die tiefste Stelle des Lochs, sonst würden die Bagger im Schlamm versinken. Durch den Braunkohletagebau wird sehr viel Wasser verschwendet. Gerade oberhalb der Kohleflöze war Grundwasser in Kies und Sandschichten gespeichert. So gehen kostbare Trinkwasserreserven verloren.

Die Landschaft verändert sich

Außerdem sinkt auch in der gesamten Umgebung das Grundwasser. Die Brunnen fallen trocken und Wasser wird knapp. Häufig müssen Wasserleitungen über weite Strecken verlegt werden, um die betroffenen Dörfer und Städte zu versorgen. Dazu kann man einen Teil des abgepumpten Wassers verwenden. Aber mehr als zwei Drittel der „Sümpfungswässer" fließen ungenutzt ab! Sie werden in Rhein, Maas und andere Flüsse geleitet.

Auch die Natur verändert sich durch das Absenken des Grundwassers. Viele Pflanzen kommen zwar mit dem Wasser aus, das die obere Bodenschicht speichert. Aber Feucht- und Quellgebiete mit ihren Bächen, Tümpeln, Mooren und Auwäldern leben davon, daß der Spiegel des Grundwassers bis dicht an die Erdoberfläche reicht.

Sinkt der Wasserspiegel ab, sterben die Pflanzen, und die Tiere verlieren ihren Lebensraum. Feuchtgebiete am Fluß Niers sind bereits ausgetrocknet.

Es besteht die Gefahr, daß insbesondere dem Naturpark an den Flüssen Schwalm und Nette das Wasser abgegraben wird, wenn sich der Braunkohletagebau weiter heranschiebt. Wenn diese einzigartige Landschaft austrocknet, sind auch die Tage von Eisvogel, Wasserspitzmaus und Moorfrosch, vom Aussterben bedrohte Tiere, die dort noch leben, gezählt. Um dies zu verhindern, soll in die Feuchtgebiete Wasser gepumpt werden.

Was zurückbleibt, wenn das Baggerloch sich weiter durch die Landschaft frißt, ist zunächst keine Landschaft mehr. Die vorne abgebaggerten Erdmassen werden am Ende des Loches von riesigen baggerähnlichen „Absetzern" zwar wieder angefüllt, aber dabei werden die früheren Bodenschichten durcheinandergebracht. Kies und Sandschichten vermischen sich, die Erde wird auf den Kopf gestellt. Lediglich die fruchtbare Bodenschicht, der Löß, wird als letzte „abgesetzt". Dabei wird auch diese Schicht durcheinandergewirbelt und zum Teil so verdichtet, daß sie weniger Wasser speichern kann als früher.

Jetzt gibt es zwar wieder Boden, aber der Lebensraum für Menschen, Tiere und Pflanzen muß erst wieder künstlich geschaffen werden. Im rheinischen Braunkohlegebiet bemüht man sich heute, eine möglichst vielgestaltige Landschaft wieder herzurichten. Die Landflächen werden „rekultiviert". Das heißt: Berge werden aufgeschüttet, künstliche Seen angelegt, Wälder aufgeforstet und Äcker angelegt. Später werden Tiere ausgesetzt. Vor allem Bodentiere wie Igel, Nager, Kröten und Eidechsen. Vögel und Insekten siedeln sich von selbst wieder an. Nach und nach

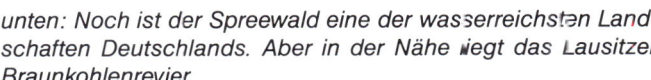

unten: Noch ist der Spreewald eine der wasserreichsten Landschaften Deutschlands. Aber in der Nähe liegt das Lausitzer Braunkohlenrevier.

Der Braunkohleabbau gräbt Pflanzen und Tieren ihren Lebensraum ab – zum Beispiel
dem Eisvogel (links oben),
dem Wald-Goldstern (rechts ganz oben),
und dem Moorfrosch (oben).

Landschaft im Rheinischen Braunkohlenrevier vor und ... ... nach der Rekultivierung

verheilen die Wunden, die der Tagebau aufgerissen hat. Zumindest an der Oberfläche stellt sich wieder ein ökologisches Gleichgewicht ein. Aber Feuchtgebiete, Auwälder und andere seltene Biotope lassen sich nicht wieder herstellen. Bis sich tief in der Erde neue Grundwasserschichten ausbilden, werden wohl noch einige hundert Jahre vergehen.

> Im schönsten Wiesengrunde
> stand meiner Heimat Haus,
> dort schürft man in der Grube
> jetzt Kohle raus –.
> Das einst grüne Tal
> ist nun schwarz und kahl,
> darum halt ich's keine Stunde
> „zuhaus" mehr aus!

Günter Gregor, Potsdam

Wo man nicht oder weniger bemüht war zu rekultivieren, wie in den ostdeutschen Braunkohlegebieten, etwa in der Lausitz, bleibt eine eintönige Landschaft zurück. Der Hunger nach Braunkohle frißt immer neue Löcher. Sollte die rheinische Tiefebene, Europas größtes Braunkohlegebiet, vollständig ausgebeutet werden, müßten noch 150 000 Menschen umsiedeln, manche davon zum wiederholten Mal.

All das geschieht, um die Braunkohle im Elektrizitätswerk zu verbrennen. Ein Drittel des Stroms wird in Deutschland aus Braunkohle erzeugt. Nimmt man die Steinkohle mit hinzu, ist es mehr als die Hälfte. Mit unserem heutigen Verbrauch an elektrischem Strom verheizen wir Kohle und Landschaft.

Das Elektrizitätswerk

Im Kraftwerk wird die Kohle in einer mächtigen Brennkammer verbrannt. Den Feuerraum durchziehen viele Rohre, in denen Wasser strömt. Es erhitzt sich so stark, daß es zu sieden beginnt und verdampft. Etwa 500 °C wird der Dampf heiß und entwickelt dabei einen enormen Druck, der 200 bis 300mal stärker als der Luftdruck um uns herum ist. Dicke Rohre führen den Dampf zur Turbinenhalle. Die Turbine selbst steckt in einem festen Gehäuse, so daß von den vielen Scheiben mit schräggestellten Schaufeln, aus denen sie besteht, nichts zu sehen ist. Eine TURBINE arbeitet ähnlich wie ein Windrad. Der Dampf drückt gegen die Schaufeln und dreht die Turbine. In einer

Sekunde rotiert sie 50mal. Die Turbine dreht dann einen Generator, der den elektrischen Strom liefert. Viel Technik wird eingesetzt, um stets ein einziges Ergebnis zu erreichen: Die Energie von einer Form in eine andere umzuwandeln.

Kraft-Wärme-Kopplung

Es gibt Häuser, bei denen die Heizung gemütlich wärmt, aber der Schornstein nicht raucht. Manchmal haben sie überhaupt keinen. Was geschieht hier? Wird hier vielleicht mit Strom geheizt? Dann qualmt es aber aus dem Schornstein des Kraftwerks, und zwar dreimal so kräftig. Denn um den Strom zum Heizen zu produzieren, muß dort dreimal soviel Kohle verfeuert werden wie beim direkten Heizen mit Kohle. Mit Strom zu heizen bedeutet Energieverschwendung! Aber es gibt noch eine weitere Möglichkeit: FERNHEIZUNG – die Häuser werden mit der Abwärme vom Kraftwerk, dem noch heißen Dampf, beheizt. Auf diese Weise sparen wir nicht nur Brennstoffe, sondern auch Abwärme im Fluß und Abgase in der Luft bleiben uns erspart.

Die Abwärme so zu nutzen ist aber noch eher die Ausnahme als die Regel. Denn die Stromversorgungsunternehmen haben gigantische Großkraftwerke gebaut und bauen sie zum Teil noch immer. In ihrer Umgebung möchte natürlich niemand gerne wohnen. Deshalb liegen die Kraftwerke weitab von den großen Städten. Der heiße Dampf läßt sich jedoch nur über etwa 10 km nutzen, bei größeren Entfernungen kühlt er zu sehr ab. Außerdem lohnt sich der Bau des Rohrnetzes für Fernwärme nur, wenn viele Häuser daran angeschlossen werden können, also am besten in der Stadt. Statt dessen blasen die Großkraftwerke fern der Städte gewaltige Wärmemengen in die Luft, die bei besserer Planung genutzt werden könnten. Bei kleineren Kraftwerken in Stadtnähe dagegen kann man diese Wärme als Fernwärme nutzen. Man bezeichnet dies als Kraft-Wärme-Kopplung. Der Strom- und der Wärmeverbrauch passen dabei gut zusammen. Im Winter, wenn mehr Strom gebraucht wird, wird auch mehr Wärme benötigt. Vorteile der Fernheizung sind, daß Luftverschmutzung und Kohlenstoffdioxidausstoß geringer werden, weil die vielen einzelnen Hausheizungen wegfallen. Die nebenbei entstandene Wärmeenergie der Kraftwerke bräuchte wirklich keine Abwärme zu sein!

Dienstleistung Energie

Wenn wir in die Straßenbahn einsteigen, möchten wir bis zur gewünschten Haltestelle gefahren werden. Im Kino erwarten wir, einen Film zu sehen. Genauso erwarten wir von einem Kühlschrank, daß er die Lebensmittel kühl hält, und von einem Heißwassergerät, daß wir wohlig warm duschen oder baden können. Ein Staubsauger soll kräftig Luft ansaugen und säubern, und eine Lampe soll leuchten. All dies hat auch etwas mit Elektrizität zu tun, aber der elektrische Strom ist dabei für uns nichts weiter als Mittel zum Zweck. Was wir wollen, ist eine Dienstleistung. Wieviel Strom dabei verbraucht wird, ist für uns eher nebensächlich. Benötigt ein schlecht isolierter Kühlschrank doppelt so viel Strom bei gleicher Kühlleistung wie ein besser wärmegeschützter, bedeutet das nicht doppelte Lebensqualität. Wir leben mit dem sparsamen Gerät genauso gut – sogar besser. Daß es mit weniger Strom auskommt, fällt angenehm bei der Stromrechnung auf.

Leider sind die Stromfresser unter den Haushaltsgeräten nicht leicht auszumachen. Denn es ist kaum möglich bei den vielen Geräten im Haushalt, am Stromzähler abzulesen, wieviel ein einzelnes Gerät

So ein Gerätestromzähler kommt jedem „Stromfresser" auf die Spur.

verbraucht. Manche Stadtwerke und Stromversorgungsunternehmen verleihen daher kleine Zähler, die man zu Hause zwischen die Steckdose und ein Gerät schalten kann. Daran läßt sich der Stromverbrauch eines Kühlschranks oder einer Kühltruhe, einer Wasch- oder Geschirrspülmaschine einfach ablesen. Dann kann man überlegen, ob es sich lohnt, ein neues Gerät zu kaufen, das die Umwelt weniger belastet und auf Dauer auch Kosten spart. Wieviel Strom ein sparsames Gerät verbraucht, kann man bei den Verbraucherzentralen erfahren.

Mit sparsameren Geräten läßt sich eine Menge Strom einsparen. Nicht nur im Haushalt, auch in Betrieben, Geschäften, Schulen und anderen Bereichen ist man bisher ziemlich leichtfertig mit der elektrischen Energie umgegangen. Strom ist ja einfach da! Wir übersehen dabei oft:
Hinter jeder Steckdose steckt ein Kraftwerk.

Die Thermographiebilder machen die Wärmestrahlung der Lampen sichtbar.
Oben sieht man, wieviel Wärmeenergie bei der herkömmlichen Glühbirne verpufft.
Die Energiesparlampe unten zeigt nur geringe Wärmestrahlung.

Wenn uns ein Licht aufgeht

Ein Knall – und es wird dunkel im Zimmer. Die Glühbirne ist durchgebrannt. Kein Problem, wir tauschen die Birne gegen eine neue aus – und verbrennen uns dabei regelmäßig die Finger. Warum? Von einer Glühbirne erwarten wir, daß sie leuchtet, und nicht, daß sie heiß wird. Aber Glühbirnen sind nichts weiter als elektrische Heizöfen, die nebenbei auch noch etwas leuchten! Nur 5% des Stroms verwandeln sich in Licht, 95% dagegen verpuffen als Wärme.
ENERGIESPARLAMPEN dagegen nutzen den Strom viel besser, das heißt, sie geben das gleiche Licht mit 80% weniger Strom. Eine solche Lampe mit einem Verbrauch von 15 W kann eine Glühbirne mit 75 W ersetzen und damit 60 W einsparen. Und die Stromkosten sinken auch auf ein Fünftel. Das bringt schon eine Menge! Wenn in jedem Haushalt nur eine der Glühbirnen gegen eine solche Energiesparlampe ausgetauscht wird, kann mindestens ein Großkraftwerk abgeschaltet werden.
15 W statt 75 W spart bei den 30 Millionen Haushalten in unserem Land 30 000 000 × 60 W = 1 800 000 000 W = 1 800 Megawatt.
Ein Großkraftwerk leistet 1 000 bis 2 000 Megawatt!

2. Öl läßt die Räder rollen

Ein hektischer Betrieb herrscht hier: Tankverschlüsse werden aufgedreht, nach Zapfhähnen wird gegriffen, Schläuche werden abgerollt, die Hähne in Einfüllstutzen geklemmt. Helle Flüssigkeiten schießen heraus und verschwinden gluckernd in Fahrzeugtanks. Flügelräder rotieren in Schaugläsern, Zählwerke rattern, Liter- und DM-Anzeigen laufen. Dies alles ereignet sich in einem Supermarkt mit einem sehr speziellen Angebot: in einer Tankstelle. Bewegung und Tempo werden hier angeboten, Mobilität und Geschwindigkeit kann man hier kaufen: tanken und einige hundert Kilometer weit fahren, an der Ampel in wenigen Sekunden voll beschleunigen, abenteuerlich schnell durch die Gegend brausen.

Mit leichtem Tritt aufs Pedal oder einem Dreh am Griff erreicht man spielerisch, wofür die Leute früher viele Pferde und viele Tage benötigten. Der Stoff aus dem Schlauch macht es möglich – Treibstoff! Normalbenzin, Superbenzin verbleit und Super bleifrei, Diesel, Superdiesel – offensichtlich Zaubertränke, die uns solche Leistungen mühelos ermöglichen. Unsichtbar verrichten sie unter Motorhauben und hinter Zylinderwänden ihre Arbeit, und sie scheinen die reine Energie zu sein. Was ist dran an diesen Wunderstoffen, woher kommen sie?

Petroleum wird als Medizin verabreicht. Darstellung aus einer Flugschrift von 1490.

Das Ende einer Millionen Jahre langen Geschichte

Bereits vor mehreren tausend Jahren nutzten Menschen eine zähe dunkle Masse, die an verschiedenen Stellen auf der Welt aus dem Boden quoll. Bootsbauer dichteten damit ihre Schiffe, und Fuhrleute schmierten die Achsen ihrer Karren und Wagen damit. Ärzte verordneten die geheimnisvolle Substanz als Medizin gegen Krankheiten, Verstorbene wurden damit einbalsamiert. Diese unterschiedlichen Anwendungen hingen mit der unterschiedlichen Zähigkeit der dunklen Masse zusammen. Sie konnte sehr dickflüssig sein, dann wurde sie als Teer oder Pech bezeichnet.

Die flüssigere Form des Erdöls nannte man Steinöl oder Petroleum. Sagen berichten, dieser rätselhafte Stoff sei das Blut der Drachen, die vor Millionen Jahren die Erde beherrscht hätten. Wir gehen heute davon aus, daß der Stoff, den wir als Erdöl in riesigen Mengen aus dem Boden pumpen, sich hauptsächlich während der Zeit bildete, in der die Saurier die Erde bevölkerten.

Das Erdöl – ein Zufall

Vor etwa 500 Millionen Jahren entwickelten sich in den Meeren die ersten Kleinstlebewesen, winzige Pflanzen und Tiere wie Algen und Strahlentierchen. Die Pflanzen wandelten dabei mit der Energie des Sonnenlichts Schwebstoffe im Wasser in Nährstoffe um. Die Gemeinschaft aus diesen mikroskopisch kleinen Lebewesen wuchs und vermehrte sich in ungeheurer Zahl.

Sie bildet auch heute das erste Glied der Nahrungskette in den Gewässern und wird als PLANKTON bezeichnet.

Die Kleinstlebewesen, die nicht von anderen gefressen wurden, sondern abstarben, versanken langsam in tieferes Wasser. Bei den ungeheuren Mengen war das wie ein Dauerregen auf den Meeresgrund. Normalerweise wurden die Planktonreste dort von Bakterien zersetzt.

Diese Bakterien brauchten dazu jedoch Sauerstoff, der aber an einigen Stellen in den Meeren, insbesondere in warmen, abgeschlossenen Buchten, fehlte.

Die unzersetzten Reste des Planktons sammelten sich hier im Laufe von vielen hunderttausend Jahren an. Als „Faulschlamm" breiteten sie sich allmählich auf dem Meeresboden aus, mischten sich mit Meeresschlamm und wurden davon immer mehr bedeckt. Wenn sich dann noch Gesteinsschichten darauf ablagerten und diesen Schlamm zusammendrückten, bildete sich im Laufe von Millionen Jahren daraus eine zähe, ölige Masse. Wie das genau vor sich ging, weiß man bis heute nicht.

Fest steht, durch den Druck der darüberliegenden Steine wurde diese Masse in feinen Tröpfchen mit dem Wasser zusammen aus dem Schlamm herausgepreßt.

Da die öligen Tröpfchen leichter als Wasser und Steine waren, wanderten sie zwischen dem Gestein nach oben und verteilten sich dabei. Nur wenn diese Tröpfchen auf eine undurchlässige und zusätzlich noch nach oben gewölbte Steinschicht trafen, wurden sie gestoppt und sammelten sich in dieser „Ölfalle". Ein Erdölvorkommen entstand. Oft bildeten sich mit dem Erdöl auch Gase, die sich dann ebenfalls unter den undurchlässigen Gesteinsschichten stauten.

Erdöl und Erdgas kommen daher häufig zusammen vor. Durch Spalten und Risse konnten manchmal das Gas und die leichter flüchtigen Bestandteile des Öls entweichen. Zurück blieb eine zähere Masse. Dies könnte eine Erklärung für die unterschiedlichen Erscheinungsformen des Erdöls sein. In jedem Fall verdanken wir es einer Kette von Zufällen, daß sich die Erdölvorkommen, die wir heute ausbeuten, überhaupt bilden konnten. Diese Vorräte wachsen jedoch nicht wieder nach.

Fieberhafte Suche nach dem Ölschatz

Der Druck der Gesteine preßte das Öl an manchen Orten durch Lücken im Gestein bis an die Erdoberfläche. Auf diese Weise bildeten sich natürliche Ölquellen, aus denen das Öl abgeschöpft wurde. Erst in der Mitte des 19. Jahrhunderts begann man, nach dem Erdöl zu bohren. Zum ersten Mal sprudelte im Jahre 1859 in den USA Erdöl aus einem Bohrloch. Kurz darauf brach ein wahres Ölfieber aus. Überall wurde jetzt nach der braunen Substanz gesucht, und Bohrtürme wurden errichtet.

Auch in Deutschland bohrte man nach Öl und war insbesondere in der Lüneburger Heide erfolgreich. Aller-

Erdölquelle in Pennsylvanien um 1862: Bohrtürme fördern das Öl, das in Fässern gelagert und transportiert wird.

dings sprudelte das Öl hier nicht von selbst aus dem Boden, sondern mußte mit Pumpen hochgedrückt werden. Bohrtürme und Ölpumpen überzogen bald die gesamte Gegend. Jeder versuchte hektisch, dem anderen die begehrte dunkle Flüssigkeit wegzupumpen.

Auch heute wird in der Lüneburger Heide Erdöl mit Pferdekopf-Pumpen gefördert. Man bezeichnet sie so wegen ihres Aussehens und ihrer nickender Auf- und Abbewegung.

Öl wird Brenn- und Treibstoff Nummer 1

Was war die Ursache für das sich so plötzlich ausbreitende Ölfieber, warum war die zähe dunkle Flüssigkeit so heiß begehrt? Der wichtigste Grund war zunächst eine ganz einfache Lampe, die Petroleumleuchte. Bevor es das Elektrizitätswerk und die Glühbirne gab, war sie die Lichtquelle. Aus dem Erdöl konnte Petroleum gewonnen werden, das weniger rußte und stank als das Fett, das bisher in den Lampen verbrannt worden war. Hinzu kam, daß man für die immer zahlreicheren Maschinen, Dampfmaschinen und Spinn-, Web-, Bohr- und Fräsmaschinen immer mehr Schmiermittel benötigte. Auch diese ließen sich aus dem braunen Saft gewinnen. Und bald fand man es weit bequemer, wenn die Dampfmaschinen selbst mit Öl statt mit Kohle betrieben wurden.

oben: Ein Dampfwagen mit Chauffeur auf der Promenade – Spottbild von 1828 auf die mit Dampf betriebenen Autos

S. 33 oben: Berliner Pferdebahnwagen von 1864 – eines der ersten Straßenfahrzeuge auf Schienen, als noch keine Autos fuhren
S. 33 unten links: Der Oldtimer fuhr bereits mit Benzin.
S. 33 unten rechts: moderner Lastkraftwagen

Diesen neuen Brennstoff zu transportieren und damit zu heizen war sehr viel einfacher, denn er war flüssig und konnte durch die Rohre geleitet werden. Vor allem in Amerika wurden schon bald Lokomotiven, Schiffe und sogar Autos von mit Öl beheizten Dampfmaschinen angetrieben. Der Fahrer eines solchen Dampfautos mußte sich beim Fahren zugleich darum kümmern, die Maschine zu heizen. Deshalb wurde er CHAUFFEUR genannt, das französische Wort für Heizer. Als dann jedoch die Wagen mit Benzinmotor aufkamen, hatten die schweren Dampfautos keine Chance mehr. Die neuen Motoren liefen nur noch mit Treibstoff aus Erdöl.

Der Bedarf stieg und stieg. Heute verbrauchen 500 Millionen Autos auf der Erde mehr als die Hälfte des insgesamt geförderten Öls. Jeden Tag verbrauchen wir mehr, als sich in 1000 Jahren gebildet hat. Und unser Durst nach Öl hält an und treibt uns zu immer weiterer Suche. In den heißesten Wüsten, im Eis und Schnee der Arktis, in dichten, feuchtwarmen Dschungeln und sogar im Meeresgrund, überall wird heute nach Öl gebohrt.

Die weiten Wege des Öls

Verbraucht wird das Öl jedoch zum allergrößten Teil in den Ländern mit starkem Straßenverkehr, hohem Lebenskomfort und umfangreicher Industrie. Das erfordert einen aufwendigen Transport des Öls, häufig um die halbe Welt. Etwa 2600 Riesentanker, die oft mehr als 300 m lang sind, dienen nur dem einen Zweck, die dunkle Flüssigkeit über die Meere zu transportieren. Rund 400 dieser riesigen schwimmenden Ölfässer sind immer auf dem Wasser unterwegs, während die anderen in den Häfen liegen und gerade mit Öl vollgepumpt oder entladen werden. Über Rohre, PIPELINES genannt, kommt das Öl von den Bohrstellen zu diesen Terminals und wird hier bis zum Verladen in großen Tanks gesammelt.

Bei den Überfahrten gelangt immer wieder Öl ins Meer, das meiste davon jedoch nicht bei Tankerunfällen, sondern beim Spülen und Reinigen der Tanks. Während des Transports setzt sich der Schlamm aus dem Rohöl ab. Da ein Reinigen im Entladehafen manchen Kapitänen zu teuer ist, spülen sie die Tanks auf

Tanker am Ölpier in Wilhelmshaven

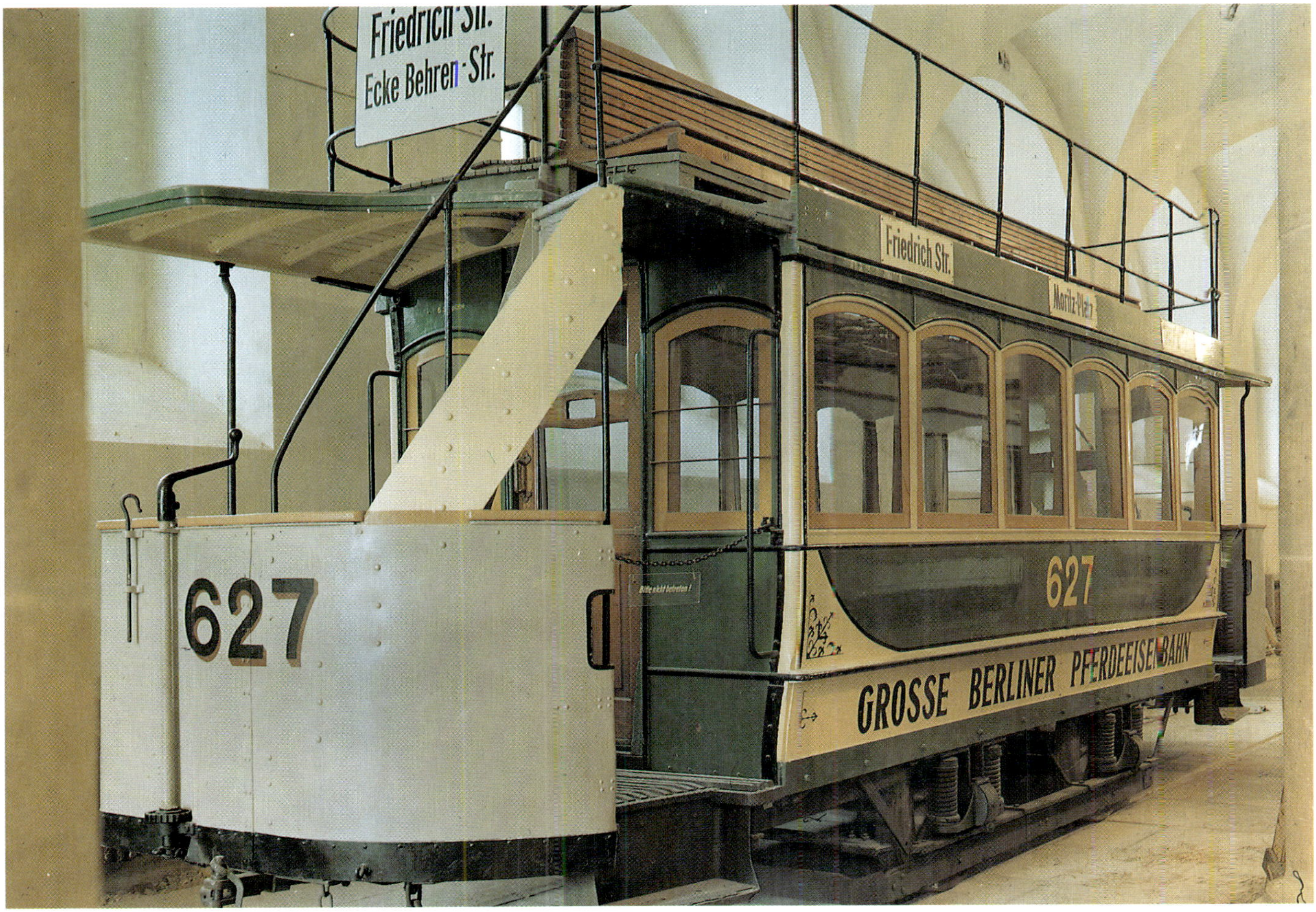
Friedrich-Str.
Ecke Behren-Str.
Friedrich Str.
Moritz-Platz
627
627
GROSSE BERLINER PFERDEEISENBAHN

VOSS

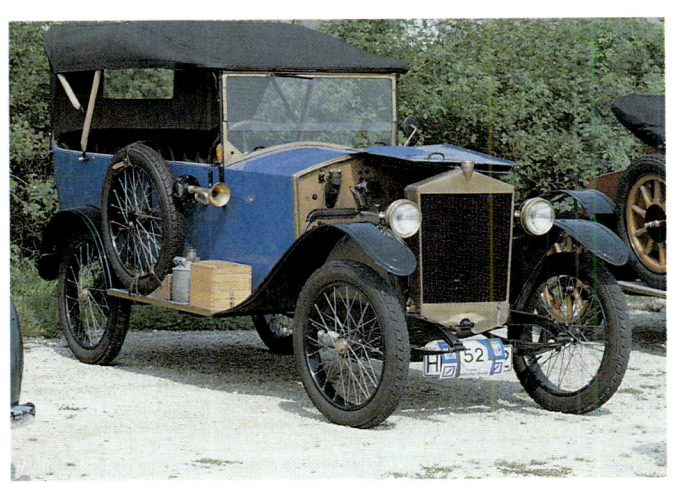

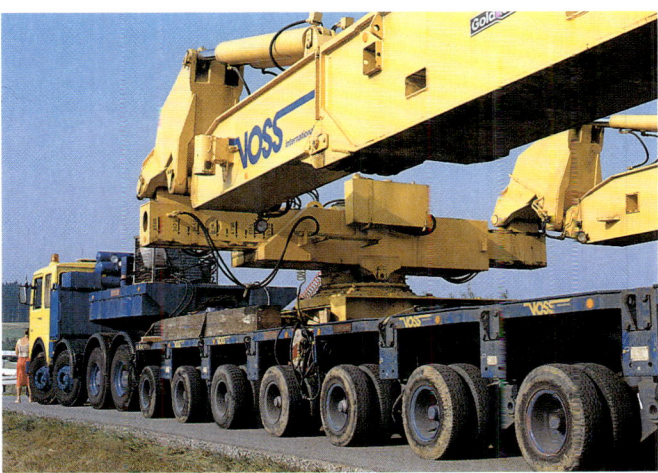

Bau einer Erdöl-Pipeline.
Die Ölpipelines haben insgesamt eine Länge von 1 Million km, aneinandergereiht würden sie damit 25mal um die Erde reichen.

der Rückfahrt mit Seewasser. 400 000 t Öl, das sind etwa 500 Millionen Liter, fließen auf diese Weise illegal Jahr für Jahr allein in die Nordsee. Aber auch legal dürfen die Meere verschmutzt werden. Jedem Tanker ist es gestattet, 60 l Öl pro Seemeile (1 sm entspricht 1,852 km) ins Wasser abzulassen. Auf einer 1000 sm langen Route sind das rund 60 000 l.

Ziel der Fahrt sind die Ölhäfen (zum Beispiel Triest, Marseille oder Rotterdam) in den industrialisierten Ländern. Das Öl wird aus den Bäuchen der Tanker herausgepumpt – und verschwindet wieder unter der Erde. Über Hunderte von Kilometern fließt es durch meterdicke Rohre bis zu den großen Raffinerien im Land.

Ganz schön raffiniert

In einer RAFFINERIE wird das Rohöl in seine einzelnen Bestandteile aufgespalten und zerlegt. Erdöl ist nämlich keine einheitliche Substanz, sondern ein Gemisch aus unterschiedlichen Stoffen. Um sie voneinander zu trennen, wird das Öl erhitzt. Wenn es zu sieden beginnt, verdampfen zunächst die Bestandteile mit dem niedrigsten Siedepunkt. Die Dämpfe werden abgekühlt und kondensieren wieder zu Flüssigkeiten. Sie verwendet man als sogenannte Flüssiggase in Feuerzeugen, Campingkochern und zum Heizen. Bei steigender Temperatur verdampfen nacheinander Benzin, Petroleum, Diesel und leichtes Heizöl. Den Rest läßt man bei Unterdruck verdampfen, da sonst zu hohe Temperaturen erforderlich wären. Man gewinnt daraus schweres Heizöl für Kraftwerke oder für Heizkessel in der Industrie sowie Motorenöle und Schmierstoffe für Maschinen. Übrig bleiben Bitumen und Teer, die man zum Beispiel im Straßenbau verwendet.

Um aus dem Rohöl mehr Benzin und Diesel zu gewinnen, muß man viele technische Tricks einsetzen und einen Teil des schweren Heizöls aufbrechen, „cracken", wie es fachmännisch heißt.

Die einzelnen Stoffe werden in Raffinerien gereinigt (daher kommt auch der Name: raffinieren bedeutet auf französisch reinigen) und mit Zusätzen gemischt. Und schließlich beliefern die Tankwagen, die in der Raffinerie gefüllt werden, die Tankstellen mit dem Stoff, der sich vor Millionen von Jahren aus den Überresten winziger Lebewesen gebildet hat. Was machen wir mit diesem Kraftstoff?

Auf Achse

Jeden Morgen ist es das gleiche Spiel: Man setzt sich ins Auto und trifft viele andere Verkehrsteilnehmer auf dem Weg in die Stadt. Eine wichtige Spielregel ist dabei, daß man nur allein, höchstens zu zweit in einem Fahrzeug sitzen darf. Und dann bildet man eine lange Schlange, die sich langsam in Richtung Innenstadt schiebt. An Kreuzungen und Einmündungen trifft diese Schlange mit anderen Schlangen zusammen. Durch dichtes Auffahren und Zustellen der Kreuzungen versuchen alle Parteien dann zu verhindern, daß die eigene Schlange unterbrochen wird. Auf diese Weise schafft man lange Staus und verlängert so die Spielzeit. Meist stehen alle, bis es wieder heißt: Vorrücken bis zum nächsten Stau.

Endlich in der Stadt angekommen, wird das Spiel häufig um eine weitere Runde verlängert: Parkplatzsuche nennt sich die. Dabei umrundet man mehrfach immer dieselben Häuserblocks und zieht dann die Kreise immer weiter, bis man einen Platz zum Abstellen des Autos gefunden hat. Dann hetzt man zu Fuß zum Ausgangspunkt der Suche zurück.

Obwohl dieses Spiel niemandem Spaß macht, scheint es doch süchtig zu machen und wird gleich zweimal am Tag veranstaltet, morgens und nachmittags an den Wochentagen, oft aber auch samstags und sonntags. Schlangenbilden ist ebenfalls zum Urlaubsbeginn angesagt. 65 Stunden stehen die Autofahrer im Jahr durchschnittlich im Stau. Etwa genauso lange sind sie auf Parkplatzsuche. Richtige Fans kommen aber auf weit höhere Werte.

Aber es gibt auch Spielverderber. Sie steigen in Bus, Straßenbahn und S-Bahn oder schwingen sich aufs Fahrrad oder gehen zu Fuß. Denen entgeht natürlich das Schlangenbilden und die Parkplatzsuche.

Fast 1 000 l Treibstoff werden stündlich vergeudet, wenn sich auf einer zweispurigen Autobahn ein Stau von einem Kilometer Länge bildet.

Die Stadt kommt unter die Räder

Das Autofahren hat die Städte verändert. Straßen wurden verbreitert und ausgebaut, Parkplätze wurden angelegt und Parkhäuser gebaut. Wer zu Fuß ging, wurde an den Straßenrand gedrängt. Für Fußgänger trennten solche Straßen mehr, als daß sie verbanden. Eine Hauptverkehrsstraße zu überqueren, ist heute mühselig. Entweder wartet man lange auf die Grünphase einer Fußgängerampel oder nimmt Umwege in Kauf und steigt in Unterführungen hinab. Direkt über die Fahrbahnen zu gehen, ist gefährlich geworden.

Hinzu kommen Verkehrslärm und Abgase, die das Leben und Wohnen in der „autogerechten" Stadt belasten. Viele kehren der Stadt den Rücken und ziehen ins Umland, ins Grüne. Zum Arbeiten und Einkaufen kommen sie jedoch in die Innenstadt zurück, oft mit dem Auto – und kurbeln so den Verkehr weiter an. Die Folgen können wir in vielen Städten heute beobachten: Auf der einen Seite Innenstädte mit Geschäften, Kaufhäusern, Verwaltungen und Büros – am Tag lebendig, abends menschenleer und öde, und auf der anderen Seite Vorstädte – am Tage leer und verlassen, nachmittags und abends langweilig – Schlafstädte. Dazwischen liegen lange Wege. Das Auto scheint sie zu verkürzen. Aber es trägt dazu bei, die unterschiedlichen Lebensbereiche weiter auseinanderzudrängen.

Auch wer in der Stadt wohnen bleibt, möchte möglichst oft ins Grüne – und das ebenfalls mit dem Auto. Am Wochenende verstopft der Ausflugsverkehr die Ausfallstraßen. Der Autoverkehr hat unsere Städte geprägt: Immer weniger bewohnbare Städte scheinen immer mehr Verkehr zu bedingen, der sie um so unbewohnbarer macht. Aber Städte müssen so nicht sein.

oben: Eine Grünanlage im Stadtzentrum. Hier kann man ungestört von Verkehrslärm und Autoabgasen verweilen.

rechts: Kein Auto weit und breit. Da macht eine Radtour so richtig Spaß.

Verkehrsmittel

Das Auto ist der Energieverschwender unter den Verkehrsmitteln. Autofahrer schleppen nicht nur ihr eigenes Gewicht, sondern auch 1 000 kg Blech per Motorkraft durch die Gegend. Dieses Gewicht muß ständig beschleunigt und abgebremst werden, und das kostet Energie. Seit 20 Jahren liegt der Durchschnittsverbrauch der Autos bei 10 l Treibstoff auf 100 km. Der sogenannte technische Fortschritt bestand bisher hauptsächlich darin, die PS-Leistung und die Spitzengeschwindigkeit zu erhöhen.

Trotz Katalysator gibt es immer mehr Schadstoffe in der Luft, weil die Anzahl der Fahrzeuge so stark zunimmt. Mehr als die Hälfte aller Schadstoffe in unserer Luft quillt aus den Auspuffrohren. Und die Blechlawine wächst weiter. Mehr Autos brauchen auch mehr Straßen – zumindest dachte man bisher so. Heute durchziehen 500 000 km Straßen und mehr als 10 000 km Autobahnen unser Land. 5 % unseres Landes sind bereits Verkehrsfläche. Für den Straßenbau geben wir heute noch mehr als 250mal soviel wie für den Naturschutz aus. Stunde um Stunde werden immer noch mehr als 5 000 m² für den Straßenverkehr zugebaut. Inzwischen ist es offensichtlich, daß mehr Straßen auch wieder mehr Verkehr nach sich ziehen. Länder wie die Niederlande haben bereits beschlossen, keine neuen Straßen mehr zu bauen.

Eine Stadt für Menschen

Städte können auch menschengerecht sein. Wohnen und leben, arbeiten, zur Schule gehen, einkaufen und Freizeit brauchen nicht voneinander getrennt zu sein. Den Arbeitsplatz oder das Geschäft zum Einkaufen, den Kindergarten oder das Kino kann man zu Fuß, mit dem Fahrrad oder einem öffentlichen Verkehrsmittel leicht erreichen. Man kommt aus dem Haus – und alles ist da! Hier braucht man keine Einteilung in Verkehrszonen und Fußgängerzonen. Autoverkehr wird zu einem großen Teil überflüssig. Statt mit Krach und Abgasen füllen sich Straßen, Plätze und Parks wieder mit Leben, man trifft sich, unterhält sich, Kinder spielen auf den Plätzen – statt der autogerechten eine menschengerechte Stadt.

Der Wald wird gerodet – für den Straßenbau!

Autofahren macht Städte unwohnlich, verbraucht Landschaft, verpestet Luft, macht Lärm, verursacht Unfälle – um diese Schäden auszugleichen, falls das überhaupt möglich ist, müßte der Kraftstoff mindestens um 2 DM pro Liter teurer werden. Aber heute bezahlen noch alle für die Folgen des Autoverkehrs – vor allem mit Lebensqualität. Dabei ist das Auto nicht mehr als ein Fortbewegungsmittel, um von einem Ort zu einem anderen zu gelangen, nur ein Mittel zum Zweck. Dafür lassen sich viele Liter Treibstoff in Abgase verwandeln – oder wenige.
Schlössen sich alle Pendler zu Fahrgemeinschaften zusammen, so würde der Benzinverbrauch um fast die Hälfte, um 45 % sinken.
Heute rollen etwa 90 000 Lastwagen, Lastzüge und Sattelschlepper über unsere Straßen. Aneinandergereiht ergäben sie eine Schlange von rund 260 km. Ein Laster, der Güter transportiert, verbraucht mehr als achtmal soviel Energie wie die Eisenbahn. Hinzu kommt, daß er dabei dreißigmal soviel Schadstoffe in die Luft schleudert. Der Verkehr auf der Schiene verbraucht auch weniger Landschaft: Eine vierspurige Autobahn ist etwa 30 m breit. Um den gleichen Verkehr zu bewältigen, braucht man eine zweigleisige Bahnstrecke, die weniger als 15 m breit ist. Menschen und Güter auf der Schiene statt auf der Straße zu befördern, spart nicht nur Energie, es entlastet auch deutlich unsere Umwelt.

Mit dem Flugzeug erreichen wir in wenigen Stunden ferne Länder und exotische Urlaubsziele, die früher als eine „Weltreise" galten und viele Monate Reisezeit beanspruchten. Aber die neue Geschwindigkeit hat ihren Preis: Das Flugzeug verbraucht pro Passagier für eine Strecke mehr Treibstoff als andere Verkehrsmittel. Im Energieverbrauch wird das Flugzeug nur vom Auto übertroffen, wenn man es lediglich mit den Fernflügen vergleicht. Bei den kürzeren Flügen ist der Treibstoffverbrauch sogar höher als beim Auto. Entsprechend groß ist die Luftverschmutzung, zu der außerdem die Lärmbelästigung hinzukommt.

Lebensmittel und Kraftstoff

Und auch zu Hause brauchen wir nicht mehr auf Exotik zu verzichten. Die Kiwis aus Neuseeland, Papayas aus Südamerika, Litschis aus dem Fernen Osten, all diese Früchte sind hier bei uns zu haben – aber nur mit Hilfe des Flugzeugs! Sie werden per Jet eingeflogen, und das verschlingt auch wieder Kraftstoff.
Etwas weniger weit und weniger aufwendig reisen Obst, Gemüse, Salate und Blumen aus den europäischen Nachbarländern, sie kommen mit dem Lastwagen. Auch das braucht Kraftstoff.

Was darf's sein? Obst und Gemüse aus aller Herren Länder! Im Preis enthalten: die Transport-Energie-Kosten.

Zweimal Energie in der Gurke

Wie fast jedes Obst und Gemüse können wir zum Beispiel auch Gurken das ganze Jahr über kaufen – nicht nur, wenn bei uns Erntezeit ist.
Die einen Gurken stammen vom Mittelmeer, drei Tage dauerte ihre Fahrt von Griechenland oder Spanien. Bis sie bei uns ankommen, wurden etwa 2 l Treibstoff für jede Gurke verfahren.

Für andere Gurken wurde doppelt soviel Erdöl verbraucht, obwohl sie nicht weit gereist sind, sondern ganz in der Nähe wuchsen. Allerdings reiften sie nicht unter freiem Himmel, sondern unter Glas im Treibhaus. Wieder war Treibstoff im Spiel: Die optimale Temperatur für schnelles Wachsen lieferte eine Ölheizung, während draußen Kälte herrschte. Etwa 4 l Öl wurden dabei für jede Gurke verheizt.

Jahreszeiten spielen kaum noch eine Rolle. Wir bekommen Salat, Tomaten und Südfrüchte mitten im Winter, Erdbeeren schon lange, bevor sie draußen reifen, und frische Blumen haben wir das ganze Jahr über. Entfernungen stellen ebensowenig ein Hindernis dar: Was auch immer irgendwo auf der Welt wächst, wir können es bei uns kaufen. Der Kraftstoff macht's möglich. Mit ihm setzen wir Laster, Schiffe und Flugzeuge in Bewegung oder schaffen die Bedingungen für schnelles Wachsen in künstlicher Treibhausumgebung.
Aber auch die Pflanzen auf Äckern und Feldern lassen wir nicht von allein wachsen. Mächtige Traktoren und riesige Landmaschinen, von leistungsstarken Motoren angetrieben, durchpflügen die Böden, verspritzen Unkrautvertilgungs- und Schädlingsbekämpfungsmittel und verstreuen Mengen von Kunstdünger auf der Erde. All diese Maschinen verbrauchen Erdöl, auch die, die den Kunstdünger herstellen.
Beim Getreide haben sich zwar die Ernteerträge seit Beginn des Jahrhunderts mehr als verzwanzigfacht. Aber wir wenden heute 10mal mehr Energie für die

Versuch: Wärme-Schutz

Benötigt werden:
– zwei gleichgroße Trinkgläser und ein etwas größeres Glas oder Gefäß, in das eines der kleineren Gläser mit Zwischenraum hinein paßt,
– ein Thermometer
– zwei Stücke Pappe.

In das einzelne und in das kleinere der ineinandergestellten Gefäße füllt man heißes Wasser, Kakao o. ä. und deckt sie mit den Pappstücken ab. Nach einigen Minuten wird die Temperatur gemessen.
Die Flüssigkeit in den ineinandergestellten Gefäßen bleibt weit länger warm, weil die Luftschicht im Zwischenraum die Wärme isoliert. Auf die gleiche Weise halten Fenster mit doppelter Verglasung die Räume warm. Eine Thermoskanne funktioniert ähnlich. Sie besteht ebenfalls aus doppelwandigem Glas, das auch noch verspiegelt ist. Zusätzlich ist der Zwischenraum luftleer gepumpt, was abermals besser isoliert. Daß spiegelnde Flächen die Wärmestrahlen zurückwerfen, können wir feststellen, wenn wir zwischen die ineinandergestellten Gläser einen Ring aus Aluminiumfolie oder Silberpapier stecken, die Flüssigkeit bleibt dann noch länger warm.

Landwirtschaft auf, als wir an Nahrungsenergie im Getreide ernten. Dieses krasse Mißverhältnis rührt vor allem daher, daß die Landwirtschaft heute wie eine Industrie betrieben wird. Mit ihren riesigen Monokulturen nutzt sie natürliche Kreisläufe nicht mehr, sondern arbeitet häufig sogar gegen sie. Unsere Nahrungsmittel werden eben mit Kraftstoff produziert.

Zentral-Heizung – wohlige Wärme überall

Ein alltägliches Bild: Ein Tanklastwagen zwängt sich zwischen dicht parkenden Wagen in einem Wohngebiet hindurch und hält vor einem Mehrfamilienhaus an. Der Fahrer rollt einen schwarzen Schlauch aus, zieht ihn zum Haus und schließt ihn an einen Einfüllstutzen in Kellerhöhe an. Dann setzt er die Pumpe am Tankwagen in Gang, sie rattert los, und der Zeiger auf der Meßuhr beginnt zu rotieren. Durch den Schlauch schießen 5000, 10000, 20000 Liter Heizöl, in der Raffinerie aus Erdöl gewonnen. (Dieses „leichte" Heizöl ist übrigens das gleiche wie Diesel, der Kraftstoff insbesondere für Lastwagen.)

Jahr für Jahr verfeuern wir Milliarden Liter in den Heizungskesseln unserer Häuser. Wir bemerken es nicht einmal, es geschieht unauffällig und vollautomatisch. Ein Temperatursensor gibt ein Signal, bevor es zu kühl wird, und die Zentralheizung schaltet sich ein. Heute sind unsere Winter nicht mehr kalt, wohlige Wärme empfängt uns in den Räumen. Aber diese Behaglichkeit hat ihren Preis: Mehr als 80 % aller Energie, die wir im Haus verbrauchen, schluckt die Heizung! Entsprechende Mengen an Schadstoffen quellen aus den Schornsteinen mit dem Rauch in die Luft. Wird Energie hier etwa verschwendet?

Kein kalter Kaffee

Es gibt zwei Möglichkeiten, wenn auch die zweite Tasse Kaffee noch warm bleiben soll: die Heizplatte der Kaffeemaschine oder eine Thermoskanne. Dabei gibt es einen entscheidenden Unterschied: Während die Heizplatte Strom verbraucht, um Wärme nachzuliefern, kommt die Warmhaltekanne ohne zusätzliche Energie aus. Sie verhindert, daß die Wärme des Kaffees nach außen abfließt.

Wärmelöcher kann man stopfen

Bei den meisten Häusern und Wohnungen kann die Heizungswärme viel zu leicht nach außen entweichen. Wände und Decken, das Dach und der Keller sind oft schlecht isoliert. Die Fenster haben häufig nur eine einzige Glasscheibe. Sogenannte DÄMMSTOFFE, wie Steinwolle oder auch Styropor, das bei Verpackungen ja häufig verwendet wird, verhindern, daß die Heizungswärme sich zu schnell verflüchtigt. Eine nur 1 cm dicke Schicht aus Styropor hält die Wärme genauso zurück wie eine 30 cm starke Betonwand. Bei einem Fenster mit Doppelglas geht im Vergleich zu einem einfach verglasten Fenster weniger als ein Drittel der Wärme verloren. Bei neuen Häusern ist es einfach, den Wärmeschutz gleich von vornherein mit einzubauen. Im Vergleich zu älteren Wohngebäuden kommt man hier mit nur einem Drittel der Heizenergie aus. In alten Häusern und Wohnungen läßt sich durch nachträgliches Isolieren und durch Doppelglasfenster eine Menge erreichen. Durch verbesserten Wärmeschutz an Gebäuden ließe sich insgesamt die Hälfte der Heizenergie einsparen! Außerdem hängt es von den Bewohnern ab, ob die Wohnung oder mehr die Umgebung geheizt wird. Ein ständig offener Fensterspalt erfordert nun mal eine voll aufgedrehte Heizung, wenn es wohlig warm sein soll.

Jedes Tier braucht einen bestimmten Lebensraum

Wenn wir immer mehr Energie verbrauchen, verändert sich das Klima auf der Erde. Viele Tierarten verlieren ihren Lebensraum und sterben aus. Dabei ist es doch schön, wenn es so unterschiedliche Lebewesen gibt wie
links oben: Die Schildkröte,
links unten: den Papageientaucher,
oben: die Graugans,
S. 41 oben links: den Laubfrosch,
S. 41 oben rechts, die Kreuzotter,
S. 41 unten: das Kamel.

Erdgas

Als sich über Jahrmillionen aus Tier- und Pflanzenresten das Erdöl bildete, entstanden dabei auch Gase. Manchmal findet man sie unmittelbar über den Ölfeldern. Allerdings darf man sich diese nicht als große Hohlräume tief im Boden vorstellen, die mit einem Ölsee oder einer Gasblase gefüllt sind. Gas und Öl füllen die Zwischenräume im Boden, in Steinen und Sand aus. Da das Gas sich leichter als das zähe Öl durch die Poren und Spalten hindurchzwängen kann, kommen beide häufig getrennt voneinander vor.

Auf Erdgas stieß man in Deutschland völlig unbeabsichtigt. Im Jahr 1910 wurde in der Nähe von Hamburg nach Wasser gesucht und ein Tiefbrunnen gebohrt. Bei einer Bohrtiefe von 250 m begann plötzlich ein ohrenbetäubendes Zischen und Fauchen. Erdgas schoß mit mächtigem Druck aus dem Boden und entzündete sich. Zwei Wochen lang wurde das „Flammenkreuz von Neuengamme" als weithin leuchtendes Naturwunder bestaunt, bevor der Brand gelöscht werden konnte. In den folgenden Jahren verlegte man Rohrleitungen zur Stadt und nutzte das Gas zum Heizen.

Heute verbrennen wir etwa 70 000 000 000 m^3, das ist dreimal soviel, wie bei uns gefördert wird. Daher beziehen wir den überwiegenden Teil des Erdgases aus den umliegenden Ländern und der Nordsee.

Strom und Wärme Hand in Hand – Blockheizkraftwerke

Aberwitzig ist es schon: Die Hälfte aller Energie brauchen wir als Wärme zum Heizen von Wohnungen, Klassenräumen, Geschäften, Büros, Werkstätten, Fabrikhallen, Kinos, Schwimmbädern usw. Dafür verbrennen wir Öl, Kohle und Gas. Aber gerade solche Wärme blasen wir durch die Kühltürme in die Luft, wenn wir elektrischen Strom in den Großkraftwerken erzeugen. Nur bei wenigen Kraftwerken wird bisher die Abwärme zum Heizen verwendet. Ein Grund ist si-

Das „Flammenkreuz von Neuengamme" – eine dokumentarische Aufnahme von 1910

cher, daß man Wärme nicht weiter als etwa 10 km durch Rohre verschicken kann. Bei größeren Entfernungen ist die Fernheizung nicht mehr wirkungsvoll, und der Aufwand, die Rohre zu verlegen und anzuschließen, wird zu groß. Die Kraftwerksgiganten können aber nicht in Stadtnähe liegen. So wird wertvolle Wärme verschwendet. Wir brauchen kleinere Kraftwerke, um ihre Abwärme nutzen zu können (vergleiche S. 27).

Es gibt solche kleinen Kraftwerke, die den Strom liefern und noch in den Keller passen. Sie können den Platz des Heizkessels einnehmen. Ihre Abwärme, die sie ganz nebenbei liefern, wird unmittelbar genutzt. Solche BLOCKHEIZKRAFTWERKE versorgen Schulen, Hallenbäder, Krankenhäuser und andere große Gebäude mit Energie. Sie eignen sich ebenso für mehrere zusammengeschlossene Wohnhäuser. Ein mit Öl oder Gas gespeister Motor treibt dabei einen Generator an, der elektrischen Strom liefert. Die Abwärme des Motors läßt sich unmittelbar und damit ohne Verluste zum Heizen nutzen. Jeder kennt das von der Autoheizung.

Aber blasen lauter kleine Kraftwerke nicht mehr Abgas in die Luft? Es stimmt zwar, daß auch bei den Blockheizkraftwerken Schadstoffe entstehen. Aber sie entstünden auch, wenn Öl oder Gas zum Heizen verbrannt würde. Wenn man zusätzlich die Abgase des Elektrizitätswerks berücksichtigt, können Blockheizkraftwerke im Vergleich zu Heizungen und Elektrizitätswerken nicht nur mit weniger Energie, sondern auch mit weniger Schadstoffen Strom und Wärme liefern.

Vorräte – Reserven und Ressourcen

Aus Kohle, Erdöl und Erdgas beziehen wir weltweit 90% aller Energie, die wir heute verwenden. Allerdings sind diese Energiequellen begrenzt. Bei unserem heutigen Verbrauch wird das Öl noch etwa 40 Jahre aus dem Boden sprudeln. Dann sind die jetzt bekannten Erdölvorkommen erschöpft. Die Erdgasfunde reichen noch etwa 60 Jahre. Am längsten halten die Kohlevorräte, nahezu 200 Jahre. Dies sind die sogenannten RESERVEN, also die Lagerstätten, die man schon gefunden hat. Bei ihnen ist man ziemlich sicher, sie ausbeuten zu können.

Es gibt auch so etwas wie wahrscheinliche Reserven, die RESSOURCEN. Sie haben allerdings den Nachteil, daß wir sie erst noch finden müssen. Es besteht jedoch eine gewisse Wahrscheinlichkeit, daß diese Lagerstätten einmal entdeckt werden. Um sie ausbeuten zu können, reichen aber unsere heutigen technischen Verfahren mit Sicherheit nicht aus.

Das Spiel mit dem Feuer – der Treibhauseffekt

Unsere größte Energiequelle ist die Sonne. Allein der Sonnenschein auf der Landfläche enthält 2500mal mehr Energie, als alle Menschen auf der Erde verbrauchen. Nun wissen wir bereits, daß Energie nicht verschwinden, aber andere Formen annehmen kann. Meist ist dabei Wärmeenergie die Endstation. Wo bleibt die Sonnenenergie – oder wird unsere Erde immer wärmer?

Ein Teil des Sonnenlichts wandeln die Pflanzen um. Sie nehmen Wasser und Kohlenstoffdioxid auf, bauen diese Stoffe mit der Energie der Sonne um und speichern sie als chemische Energie. So besteht Holz zum Beispiel zur Hälfte aus Kohlenstoff – dem Kohlenstoff aus dem Kohlenstoffdioxid, das die Pflanzen der Luft entnommen haben.

Die Sonnenenergie erwärmt Land, Wasser und Luft und ist der Motor für das Wetter, den Wind – unser Klima insgesamt. Sie läßt Wasser, vor allem das Wasser der Ozeane, verdunsten. Die Wolken, die sich aus dem verdampften Wasser bilden, reflektieren einen großen Teil des Sonnenlichts zurück in den Weltraum. Aufnahmen von Satelliten und Raumstationen zeigen es deutlich. Diese Wolken leuchten besonders hell. Unser Erdball gibt jedoch nicht nur Licht, die für uns sichtbare Strahlung, ab. Die Hälfte der auftreffenden Sonnenenergie strahlt die Erde als Wärme in den Weltraum zurück. Am Abend und in der Nacht spüren wir das: Sobald die Sonne untergegangen ist, kühlt es sich ab. Besonders kalt wird es in sternenklaren Nächten. Dann fehlen die Wolken, die einen großen Teil der Wärmestrahlen auf die Erde zurückwerfen. Bei bewölktem Himmel kühlt es nachts weniger ab. Daß ohne Wolken die Temperatur nicht noch tiefer sinkt, bewirken ganz besondere Gase in unserer Atmosphäre. Man bezeichnet sie als TREIBHAUSGASE, weil sie wie das Glasdach eines Treibhauses wirken. Sie lassen das Sonnenlicht hinein, verhindern aber, daß die Wärmestrahlung aus dem Treibhaus Erde herauskommt (vergleiche Mittendrin, Geht der Luft die Puste aus? ab S. 78).

Dieser TREIBHAUSEFFEKT ermöglicht überhaupt erst das Leben auf der Erde. Ohne diese Gase wäre es insgesamt 33 °C kälter auf der Welt. Die Temperatur wäre bei uns im Mittel nur noch -18 °C, und die Temperaturunterschiede zwischen Tag und Nacht wären noch weit größer. Ohne den Treibhauseffekt wäre unsere Erde ein ziemlich ungemütlicher Planet. Das Kohlenstoffdioxid hat an diesem „Warmhalte-Effekt" den größten Anteil. Dabei kommt es in unserer Atmosphäre nur in Spuren vor, es ist ein „Spurengas". Von 3000 Teilchen in der Luft ist nur eines ein Kohlenstoffdioxidteilchen. Dieser Anteil ist für die Temperatur unserer Erde genau richtig und blieb über Millionen Jahre nahezu gleich. Er veränderte sich erst mit dem Einsatz der Dampfmaschine.

Als immer mehr dieser Maschinen sich drehten und Energie produzierten, lieferten sie gleichzeitig auch Kohlenstoffdioxid, das sich beim Verbrennen von Kohle bildet. Immer gewaltigere Kohlemengen wurden mit der beginnenden Industrialisierung in die Feuerräume und Brennkammern geschaufelt und immer gewaltigere Massen von Kohlenstoffdioxid quollen aus den Schornsteinen. Es wurde immer mehr Energie verbraucht, auch als die Turbine die Dampfmaschine in den Elektrizitätswerken ablöste. Zunehmend wurde auch Erdöl verbrannt – in Fahrzeugmotoren und Heizungen. Erdöl enthält wie Kohle ebenfalls Kohlenstoff und gibt beim Verbrennen das Treibhausgas ab, nur bei Erdgas ist der Anteil geringer. Immer mehr Kohlenstoffdioxid quoll aus Schornsteinen, Auspuffrohren und Hauskaminen.

Diese zusätzlichen gewaltigen Massen konnte und kann der natürliche Kohlenstoffkreislauf nicht verkraften. Seit der Jahrhundertwende ist der Anteil des Treibhausgases um $1/3$ angestiegen. Und es wurde wärmer auf der Erde: Die mittlere Temperatur stieg um 0,7 °C. Wer dies für unbedeutend hält, sollte wissen, daß seit der letzten Eiszeit die Temperatur nur um 2 °C zugenommen hat. Bis zum Jahr 2030 wird eine Verdoppelung des Kohlenstoffdioxids in der Luft erwartet, wenn der Ausstoß weiter ansteigt. Das könnte abermals die Temperatur um etwa 3 °C steigen lassen – und das hätte katastrophale Folgen: Die Wüsten würden wachsen und die Dürrezonen sich weiter ausdehnen. Ganze Klimazonen würden sich verschieben und die Unwetter zunehmen. Der Meeresspiegel würde ansteigen, ganze Landstriche würden im Wasser versinken und die Sturmfluten an Gewalt zunehmen.

Wir sind dabei, den das Leben ermöglichenden Treibhauseffekt in das Gegenteil zu verkehren. Und das, weil wir enorm viel Energie verbrauchen und 90% dieser Energie durch das Verbrennen von Kohle, Öl und Gas erzeugen. Der weitaus größte Teil davon wird in den Industrieländern verbraucht. Sie stellen zwar nur $1/4$ der Weltbevölkerung, verbrauchen aber $3/4$ der gesamten Energie.

Der Preis an der Tankstelle, die Kosten für Strom und die Heizungsabrechnung geben nicht die ökologische Wahrheit wieder. Mit saurem Regen, schlechter Luft und weltweitem Treibhauseffekt haben wir dabei nicht gerechnet. Und noch verbrennen wir jeden Tag so viele fossile Brennstoffe, Kohle und Öl, wie erst in einem Menschenleben wieder nachwachsen würden. Aber sie wachsen nicht nach, wir leben vom „Eingemachten" und mißachten die Kreisläufe der Natur, in die auch wir eingebunden sind.

So können wir nicht weitermachen. Die Energie darf nicht länger in solchen Mengen verwendet und verschwendet werden! Weil die Vorräte, insbesondere an Öl und Gas, begrenzt sind, weil das Verbrennen von Kohle, Öl und – in etwas geringerem Maße – auch Gas unsere Umwelt mit giftigen und schädlichen Stoffen belastet. Wir sind dabei, unser Klima auf den Kopf zu stellen. Und wenn das Klima erst einmal gekippt und umgeschlagen ist, kann diese Katastrophe nicht mehr rückgängig gemacht werden.

Aber uns stehen Auswege offen. Denn Energie ist nur Mittel zum Zweck. Wir können die Energie sparsamer nutzen. Und wir können Energien verwenden, bei denen es nicht „brennt".

Es gibt andere Möglichkeiten, unsere Energieprobleme zu lösen. Ist vielleicht die Kernkraft ein Ausweg?

3. Kernkraft – eine sichere Sache?

Aus einem Kilogramm Kohle lassen sich etwa 8 kWh elektrische Energie gewinnen. In einem Kilogramm Uran U-235 dagegen steckt fast so viel Energie wie in 3 000 000 kg Kohle, das sind 23 000 000 kWh elektrischer Strom.

Als Wissenschaftler in unserem Jahrhundert die Atomenergie entdeckten, schien sich eine Energiequelle in bis dahin unvorstellbarem Ausmaß aufzutun. Man glaubte sogar, aus dieser neuen Energiequelle würde so billig Strom gewonnen werden können, daß es sich nicht einmal mehr lohnen würde, Stromzähler in den Häusern aufzustellen. In der Atomenergie wurde die Energie der Zukunft gesehen.

Alles begann im Jahre 1938 an einem Schreibtisch, der heute im Deutschen Museum in München steht. Die Physikerin LISE MEITNER, der Chemiker OTTO HAHN und ihre Mitarbeiter untersuchten das Element Uran. Von dem Ergebnis ihres Experiments waren sie so überrascht, daß sie sich zunächst scheuten, es zu veröffentlichen. Die Wissenschaftler befürchteten, von den Fachkollegen in aller Welt ausgelacht zu werden. Denn sie entdeckten Spuren eines völlig anderen Elements, als sie untersucht hatten: Spuren von Barium. Wenn ihre Messungen richtig waren, dann war ihnen gelungen, wovon die Alchimisten im Mittelalter geträumt hatten, nämlich ein Element in ein anderes zu verwandeln. Die Alchimisten hatten versucht, aus Blei Gold zu machen. Ihr Betrug, bei dem ganz nebenbei so Bedeutendes wie das Porzellan und das Schwarzpulver erfunden wurde, ist aber stets aufgedeckt worden, und dann ging es ihnen an den Kragen. Als sich die moderne Naturwissenschaft ent-

wickelte, wurden solche Experimente aufgegeben, und der Wissenschaftler des 20. Jahrhunderts wußte natürlich, daß man ein Element nicht in ein anderes verzaubern konnte. Was macht ein Element so stabil und unveränderlich?

Das atomistische Weltbild

Schon die alten Griechen stellten die Theorie auf, daß man alle Dinge immer wieder teilen kann, ohne daß sie sich verändern. Sie glaubten, daß man einen Stein immer wieder zerkleinern könnte, bis er winzig war, und er würde immer noch ein Stein bleiben; oder daß man Wasser sehr fein versprühen könnte, und der kleinste Tropfen würde immer noch Wasser sein. Allerdings würde man beim Teilen auf eine Grenze stoßen, an der man unveränderbare Urteilchen fände. Die griechischen Philosophen Demokrit und Leukipp nannten diese Urteilchen ATOME (von griechisch atomos = unteilbar).
Das atomistische Weltbild war geboren. In den folgenden Jahrhunderten geriet diese Vorstellung jedoch in Vergessenheit, und an Atome dachte keiner mehr.
Erst die moderne Naturwissenschaft im 19. Jahrhundert griff den Gedanken wieder auf und zeigte in Versuchen und Experimenten, daß es diese kleinsten Bausteine der Materie, die Atome, wirklich gibt.

Die Atome

Wie soll man sich diese Atome nun vorstellen? Atome sind so winzig, daß eine Kette von 10 Millionen aneinandergereihten Atomen gerade 1 mm lang sein würde. Wären die über 6000 Millionen Menschen auf der Erde so klein wie Atome, könnten sie bequem in einer Streichholzschachtel Platz finden.
Sehen kann man Atome nicht, auch nicht mit den besten Lichtmikroskopen. Denn die Atome sind noch kleiner als die Lichtwellen selbst.
Daher entwickelten die Wissenschaftler Vorstellungen bzw. Modelle, wie ein Atom aufgebaut sein könnte, und überprüften die Richtigkeit dieser Modelle anhand von Experimenten. Dabei zeigte sich, daß es nicht ausreichte, sich die Atome als massive Kugeln vorzustellen. Mit diesem Modell konnte man viele Erscheinungen nicht erklären, zum Beispiel, daß manche Stoffe durchsichtig sind oder andere elektrischen Strom leiten. Unsere heutige Vorstellung ist wesentlich durch das Modell geprägt, das um 1913 der dänische Physiker Nils Bohr entwickelte.
Ein Atom ist demnach ähnlich wie ein Sonnensystem aufgebaut. Kleinere Planeten kreisen dabei um einen großen zentralen Stern. In unserem Sonnensystem sind das unter anderem Erde, Mars und Venus, die sich in unterschiedlicher Entfernung auf bestimmten Umlaufbahnen um die Sonne bewegen.
Im Atom ist nach Bohrs Vorstellung der Kern die „Sonne", die von ELEKTRONEN umkreist wird. Zusammengehalten wird das System Atom durch elektrische Ladungen, die sich anziehen. Die Kraft zwischen dem positiv geladenen Kern und den negativ geladenen Elektronen verhindert, daß die Elektronen wie auf einem Karussell nach außen weggeschleudert werden.
Der Abstand zwischen dem Kern und den Elektronen ist riesig groß. Hätte ein Atomkern die Größe einer Kirsche, die mitten auf dem Rasen eines Fußballstadions liegt, so würden die Elektronen auf den oberen Rängen kreisen. Das Atom besteht also im wesentlichen aus leerem Raum.
Der Kern enthält fast die gesamte Masse des Atoms. Ein Stecknadelkopf, der nur aus Kernmasse beste-

---

Wie fein können sich Stoffe verteilen?

Daß Stoffe sich sehr fein ver- und zerteilen können, kann jeder selbst beobachten.
Duftstoffe oder auch Gestank sind so fein in der Luft verteilt, daß wir sie nicht mehr sehen können. Dennoch sind sie da. Wir können sie noch in großer Entfernung riechen und als charakteristischen Geruch erkennen.
Ein Öltropfen verteilt sich auf Wasser zu einem so hauchdünnen Film, daß dieser nur noch einzelne Farben des Lichts reflektiert. Daher schillert er bunt.
Die Wasserhaut einer Seifenblase kann so dünn werden, daß sie nicht einmal mehr das Licht reflektiert. Auf der Seifenblase erscheinen dunkle Flecken, die weder leuchten noch schillern. Diese Erscheinungen zeigen uns, daß sich Stoffe sehr fein verteilen können und ihre Bausteine winzig klein sein müssen.

S. 46: An diesem Tisch experimentierten Lise Meitner, Otto Hahn und ihre Mitarbeiter und entdeckten die Kernspaltung.

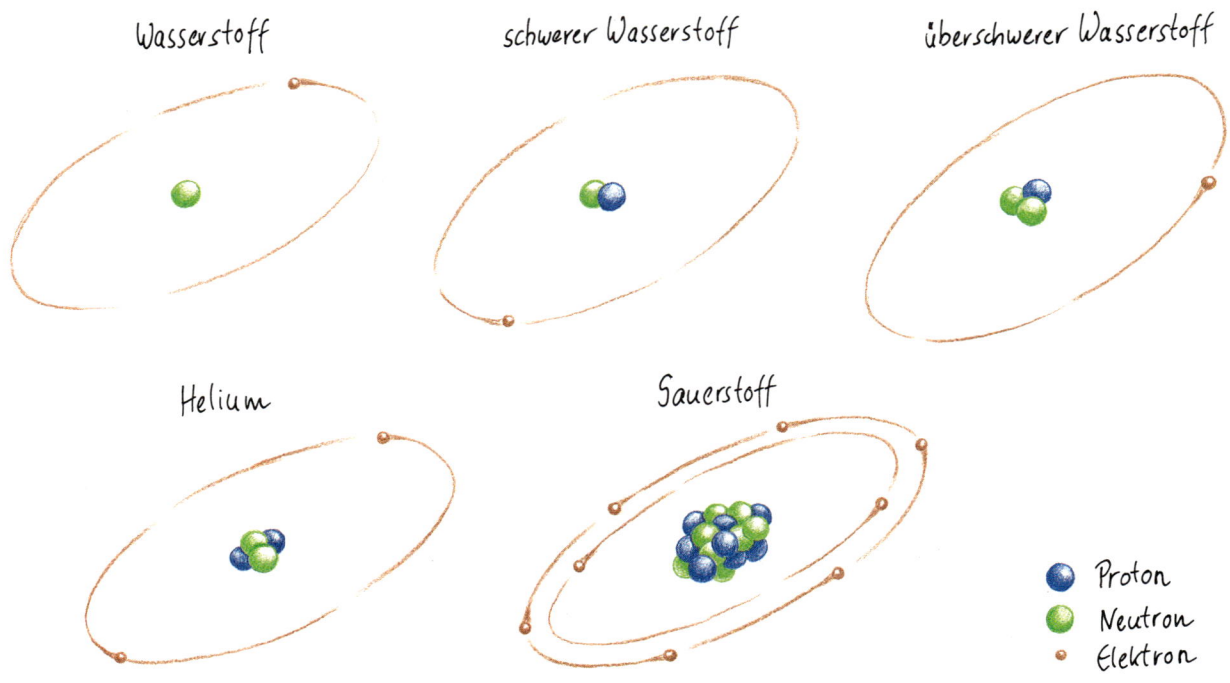

hen würde, wäre so schwer, daß das größte Schiff sinken müßte, wenn es mit diesem Stecknadelkopf beladen wäre.

Die Masse des Elektrons ist dagegen verschwindend gering. Selbst der kleinste Atomkern wiegt fast 2000mal mehr als ein Elektron.

Der Kern der Sache

Der Atomkern selbst besteht aus den PROTONEN, die positiv geladen sind, und den NEUTRONEN. Diese haben die gleiche Masse wie Protonen, nur besitzen sie keine elektrische Ladung, sondern sind neutral. Wie unterscheiden sich aber jetzt die einzelnen Elemente, wenn sie doch alle aus den gleichen Bausteinen aufgebaut sind? Ganz einfach, es geht dabei zu wie bei einem Baukasten:
Nimmt man nur ein Proton für den Kern und, damit das Atom auch neutral bleibt, ein Elektron für die „Hülle", so erhält man das Wasserstoffatom. Nimmt man dagegen zwei Protonen und zwei Neutronen für den Kern und zwei Elektronen für die „Hülle", ergibt sich ein anderes Element – das Edelgas Helium. Nehmen wir als weiteres Beispiel acht Protonen, acht Neutronen und auch acht Elektronen, kommen wir zum Sauerstoff, und so geht es immer weiter.

Dabei muß die Anzahl der Elektronen immer gleich der Anzahl der Protonen sein, damit das Atom elektrisch neutral ist. Dagegen kann die Zahl der Neutronen unterschiedlich sein. Wenn sich die Atome nur in der Anzahl ihrer Neutronen unterscheiden, spricht man von den ISOTOPEN eines Elements.

Das Element Wasserstoff, das stets durch ein Proton im Kern und ein Elektron auf der Hülle gekennzeichnet ist, kann null, ein oder zwei Neutronen mit sich führen. Diese drei Varianten des Elements Wasserstoff sind die Isotope des Wasserstoffs.

Die Isotope eines Elements verhalten sich in chemischer Hinsicht völlig gleich, da sie die gleiche Elektronenhülle besitzen. Sie haben aber unterschiedliche physikalische Eigenschaften, denn sie sind unterschiedlich schwer.

Die Atommasse

Herkömmlicher Wasserstoff hat ein Proton und gar kein Neutron. Das Atom hat die ATOMMASSE 1. Das Wasserstoffisotop Deuterium, der „schwere Wasserstoff", hat im Kern 1 Proton und 1 Neutron (Atommasse 2). Wasser, das Deuterium enthält, heißt „schweres Wasser" – D_2O. Das Tritium, der „überschwere Wasserstoff", hat wiederum 1 Proton, aber 2 Neutronen (Atommasse 3).

Atomkern wechsle dich oder das Geheimnis der Strahlung

Atome sind normalerweise eine stabile Sache. Die Elektronen ziehen ihre Bahnen um den Atomkern, in dem sich Protonen und Neutronen drängen. Warum das so ist?

Die Elektronen werden durch die elektrische Anziehungskraft des Kerns auf ihrer Bahn gehalten, der positiv geladene Kern zieht die negativ geladenen Elektronen an.

Aber diese elektrische Anziehungskraft, die das negativ geladene Elektron an das positiv geladene Proton bindet, müßte doch eigentlich den Atomkern selbst auseinanderfliegen lassen. Denn so wie sich unterschiedliche Ladungen anziehen, stoßen sich gleiche Ladungen ab, und der Atomkern ist ja voller gleichartig geladener Protonen.

Daß der Atomkern nun nicht einfach explodiert, beruht auf einer zweiten Kraft, die zwischen den einzelnen Bausteinen eines Atoms wirksam ist: der KERNKRAFT.

Im Kern haben die Neutronen die Aufgabe, die Protonen, die ja alle die gleiche Ladung haben, und sich damit gegenseitig abstoßen, durch die sogenannte Kernkraft zusammenzuhalten. Das wird offensichtlich um so schwerer, je mehr Protonen in einem Kern sind. Beim Sauerstoffatom reichen 8 Neutronen aus, um die 8 positiv geladenen Protonen zusammenzuhalten. Beim Uranatom mit 92 Protonen sind jedoch weit mehr Neutronen als Protonen nötig, um den Kern nicht auseinanderfliegen zu lassen. Die Anzahl der Neutronen kann dabei schwanken. So gibt es Uranatome, die 142, 143 oder auch 146 Neutronen haben. Sie sind daher natürlich auch unterschiedlich schwer, denn die Atommasse setzt sich ja aus der Anzahl der Protonen und der Neutronen zusammen.

Die unterschiedlichen Isotope schreibt man zum Beispiel im Physikbuch so:

$$^{234}_{92}U \qquad ^{235}_{92}U \qquad ^{238}_{92}U$$

Unten steht die sogenannte Kernladungszahl. Sie gibt die Anzahl der Protonen an, beim Uran beträgt sie immer 92. Oben steht die Zahl der Atommasse, die Summe aus der Anzahl der Protonen und Neutronen.

Die Neutronen bewirken also, daß trotz der elektrischen Abstoßungskräfte der Atomkern und damit die Welt im Innersten zusammengehalten wird. Aber mehr als 92 Protonen zusammenzuhalten gelingt den Neutronen offensichtlich nicht. Denn noch schwerere Elemente kommen in der Natur nicht vor.

Es gibt also 92 natürliche Elemente. Die meisten sind dank der Kernkraft seit Milliarden von Jahren unverändert, sie sind stabil. Es gibt jedoch einige Ausnahmen. Die Atomkerne dieser chemischen Elemente haben die Eigenschaft, von allein Kernteilchen abzuspalten. Vorzugsweise geschieht dies bei Atomkernen mit einer großen Anzahl von Protonen, wie beim Uran mit 92 Protonen, beim Radium mit 88 Protonen oder Thorium mit 90 Protonen. Bei diesen Elementen

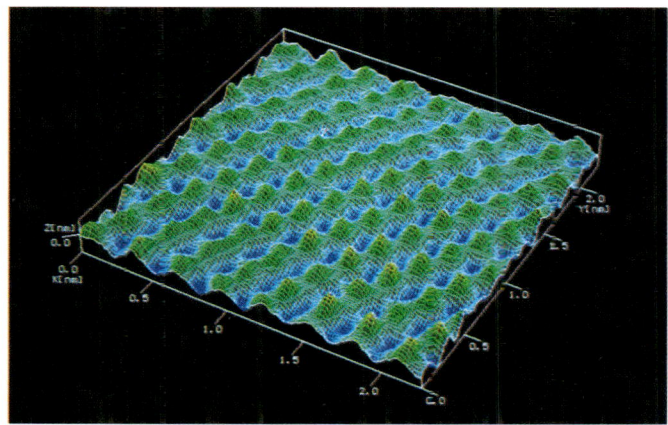

Erst mit dem Tunnelrasterelektronenmikroskop, für das 1986 die Entdecker den Nobelpreis bekamen, ist es möglich geworden, Bilder davon zu erhalten, wie die Atome angeordnet sind. Hier sieht man die Oberfläche eines Graphit-Einkristalls.

kann die elektrische Abstoßung zwischen den Protonen stärker sein als die Kernkraft, die es dann nicht mehr schafft, die Kerne vollständig zusammenzuhalten. Die Kerne stoßen einzelne Protonen und Neutronen ab, und dabei wird auch Energie in Form von Strahlung frei. Der Atomkern verwandelt sich bei diesem Vorgang in den Atomkern eines – nach unserem Baukastensystem von Seite 53 – benachbarten Elements. Aus Uranatomkernen entstehen zum Beispiel die Kerne des Thoriums.

Die bei dem Zerfall ausgesandten Teilchen und die Strahlung werden RADIOAKTIVITÄT genannt.

Radioaktiv

Erstmals entdeckt wurde die Radioaktivität von dem französischen Physiker HENRI BECQUEREL (1852–1908). Er stellte durch Zufall fest, daß Uran Strahlen aussendet. Das polnisch-französische Physikerehepaar MARIE (1867–1934) und PIERRE CURIE (1859–1906) versuchte, diesen Becquerelstrahlen, wie sie vorerst genannt wurden, auf den Grund zu gehen. Marie Curie nannte die Strahlen später Radioaktivität (vom lateinischen Wort radius = Strahl).

Im Laufe der Zeit fand man immer mehr Stoffe, die solche Strahlung aussandten. Dabei werden drei Strahlungen unterschieden:

- Die ALPHASTRAHLUNG: Sie besteht aus je 2 Protonen und 2 Neutronen und entspricht somit den Heliumatomkernen. Papier kann sie stoppen.
- Die BETASTRAHLUNG: Sie besteht aus freigesetzten Elektronen. Blei kann sie stoppen.
- Die GAMMASTRAHLUNG: Sie besteht nicht aus Atombausteinen, sondern ist eine Abstrahlung von Energie, ähnlich den Röntgenstrahlen, die alles durchdringen können.

Aktivität

In der Natur kommen radioaktive Elemente vor. Das sind aber nur solche mit höherer Atommasse. Sie setzen Radioaktivität frei. Da sie von Natur aus strahlen, werden sie radioaktive Stoffe genannt. Je mehr Atomkerne eines solchen radioaktiven Stoffes sich in einer bestimmten Zeit verwandeln, desto stärker ist die Radioaktivität, die von ihm ausgeht.

Im Radium geht die Atomkernumwandlung rasend schnell vor sich. Pro Sekunde verändern sich in einem Gramm Radium durch das Herausschleudern von Alphateilchen 37 000 000 000 Atomkerne in das benachbarte Element Radon.

Immerhin noch 10 000 Atomkerne pro Sekunde zerfallen in einem Gramm Uran, die Radioaktivität von Uran ist somit millionenfach schwächer als die des Radiums. Deshalb findet man Uran auch noch in der Natur.

Die Anzahl der Atomkerne, die sich pro Sekunde umwandeln, bezeichnet man als die AKTIVITÄT eines Elements. Zur Erinnerung an das polnisch-französische Forscherpaar nannte man die Maßeinheit dieser Aktivität Curie (Ci), heute benutzt man eine neue

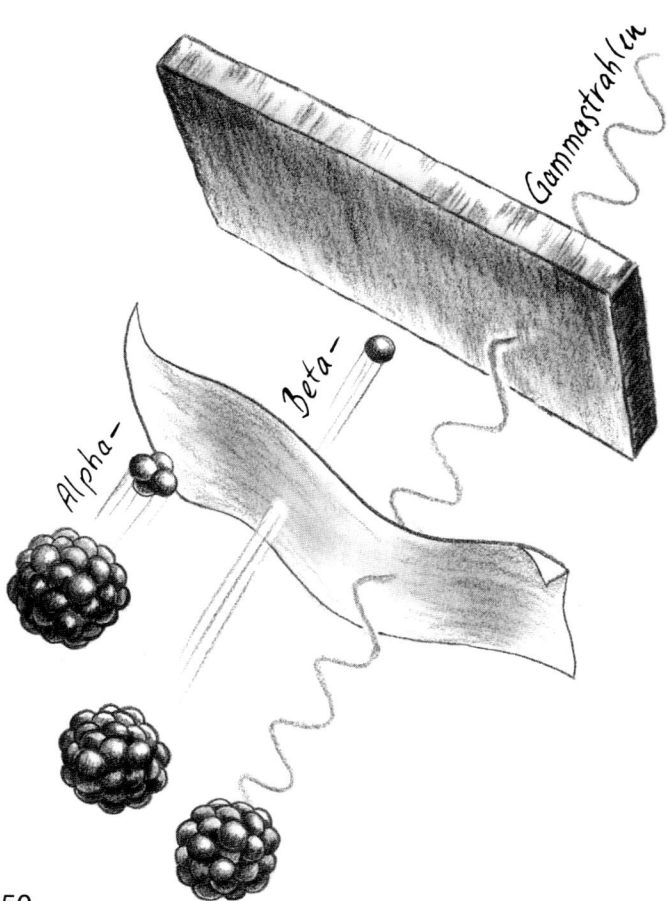

Maßeinheit, das Becquerel (Bq). Wandeln sich zum Beispiel pro Sekunde 500 Atomkerne um, so hat das Element eine Aktivität von 500 Bq.

„Halbwertszeit"

Da ein Gramm Radium eine Aktivität von 37 000 000 000 Bq hat, sollte es eigentlich nicht lange dauern, bis von diesem Gramm nichts mehr übrig ist. Denn 37 000 000 000 Bq bedeutet ja, daß 37 000 000 000 Atomkerne des Radiums pro Sekunde zerfallen. So einfach ist der Zeitraum, in dem das Radium zerfällt, aber nicht zu bestimmen. Denn mit dem radioaktiven Zerfall hat es eine besondere Bewandtnis. In einer bestimmten Zeit zerfällt nämlich nicht immer die gleiche Anzahl der Atome, sondern gerade die Hälfte der Atome, die noch vorhanden sind. Das bedeutet, daß nach diesem Zeitraum die Hälfte des Stoffes noch da ist. Nach einem weiteren gleichen Zeitraum ist dann die Hälfte der Hälfte, also ein Viertel noch vorhanden, und so geht es weiter.

Man kann sich das so vorstellen: Man nimmt ein Blatt Papier und reißt die Hälfte zum Beispiel in zehn Sekunden ab, wenn man in den nächsten zehn Sekunden von dem Rest wieder die Hälfte abreißt, dann ist noch ein Viertel von dem Papier übriggeblieben, danach ein Achtel, ein Sechzehntel, ein Zweiunddreißigstel und so weiter.

Das bedeutet aber, selbst nach unendlich langer Zeit gibt es immer noch einen Bruchteil des Papiers, der wiederum gefaltet werden kann. Wer es nicht glaubt, kann es ja ausprobieren.

Der Zeitraum, in dem alle Kerne zerfallen sind, ist demnach unendlich lang. Darum nimmt man allgemein als Maßstab die Zeit, in der die Hälfte aller Atomkerne eines radioaktiven Stoffes sich in andere Atomkerne verwandelt haben und nennt diese Zeit die Halbwertszeit.

Das Element Radium hat eine Halbwertszeit von 1 620 Jahren. Das bedeutet, daß nach 1 620 Jahren gerade mal die Hälfte aller Atomkerne umgewandelt sind. Nach weiteren 1 620 Jahren ist noch die Hälfte der restlichen Hälfte, also ein Viertel, nach weiteren 1 620 Jahren noch ein Achtel vorhanden und so weiter.

Einige radioaktive Stoffe brauchen dafür länger als das Radium. Beim Uran beträgt die Halbwertszeit 4,5 Milliarden Jahre, 14 Milliarden Jahre sind es beim Thorium.

Andere Stoffe dagegen benötigen viel weniger Zeit. Beim Francium hat sich die Zahl der Atomkerne nach nur 21 Minuten halbiert.

Halbwertszeit:		
Neptunium-239	2,3	Tage
Tellur-132	3	Tage
Jod-131	8	Tage
Ruthenium-103	39	Tage
Ruthenium-106		1 Jahr
Caesium-134		2 Jahre
Strontium-90		28 Jahre
Caesium-137		30 Jahre
Plutonium-239		24 400 Jahre

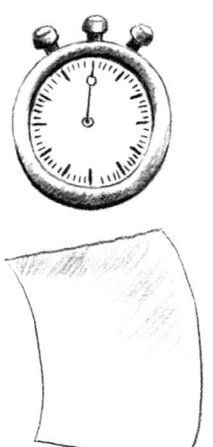
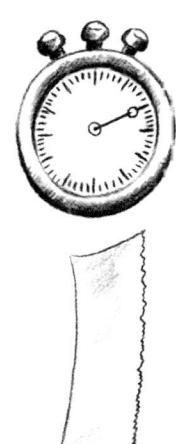

Otto Hahn und Lise Meitner – die Entdecker der Atomkernspaltung – zu Gast in dem nach ihnen benannten Berliner Forschungsinstitut während der Einweihung 1959

Die meisten Elemente, die durch einen radioaktiven Zerfall entstehen, zerfallen ebenfalls. Dabei geht es von Stufe zu Stufe weiter, und die Zerfallsreihe endet erst dann, wenn ein Element herauskommt, das stabil ist. Bei den uns bekannten Zerfallsreihen sind dies insbesondere Wismut und Blei. Über verschieden lange Zeiten und verschieden viele Zwischenschritte enden die radioaktiven Stoffe irgendwann in einem der beiden Elemente.

Dieser Zerfall von radioaktiven Stoffen geschieht auf der Erde seit ewigen Zeiten. Und jedesmal wird dabei Energie freigesetzt.

Der Atomkern wird geknackt

Daß manche Atome in der Natur von selbst zerfallen, war Lise Meitner, Otto Hahn und ihren Mitarbeitern schon bekannt.

Sie wollten untersuchen, ob man die Atome auch von außen so beeinflußen kann, daß sie radioaktive Strahlung aussenden. Daher nahmen sie das Element Uran, das ja auch in der Natur schon Radioaktivität zeigt. Sie beschossen es mit Neutronen und erwarteten, daß das Uran, wie üblich, Alpha-, Beta- bzw. Gammastrahlen aussenden würde. Um so überraschter waren sie, als sie ein völlig anderes Element fanden, das ungefähr die Hälfte der Atommasse des Uranatoms hatte.

Dafür gab es zunächst keine Erklärung. Bisher war nur bekannt, daß durch radioaktiven Zerfall benachbarte Elemente entstehen konnten, aber nicht ein Element, das halb so schwer war wie das Uran. Die Physikerin Lise Meitner hatte als erste die Idee, daß der Urankern gespalten worden sein könnte und daß Barium eines dieser beiden Spaltprodukte sei. Wenn ihre Überlegung richtig war, mußte es noch ein zweites Spaltprodukt geben. Erst wenn die Wissenschaftler dies gefunden hatten, konnten sie es wagen, mit ihrer Entdeckung an die Öffentlichkeit zu treten.

Fieberhaft suchten sie nach dem zweiten Bruchstück, das sie über lange Zeit nicht fanden. Das war verständlich, denn es handelte sich dabei um ein Gas – das Edelgas Krypton. Als auch das gefunden war, waren Otto Hahn und Lise Meitner sicher, daß sie zum ersten Mal die SPALTUNG eines Atomkerns beobachtet hatten. Denn die beiden Spaltprodukte Barium und Krypton ergaben zusammen annähernd die Atommasse bzw. genau die Kernladungszahl des Urans:

$$^{236}_{92}U = ^{141}_{56}Ba + ^{92}_{36}Kr + 3 \text{ Neutronen}$$

Aber noch etwas war ganz außergewöhnlich an diesem Experiment.

Atomkerne als Energielieferant

Bei der Kernspaltung wurde Energie freigesetzt. Die Wissenschaftler hatten ein Neutron auf eine Geschwindigkeit von etwa 2 km pro Sekunde beschleunigt und es dann auf den Atomkern prallen lassen. Die Kernbruchstücke, die dabei frei wurden, flogen nun mit einer Geschwindigkeit von etwa 10 000 km pro Sekunde auseinander. Mit dieser hohen Geschwindigkeit war sehr viel Energie verbunden. Die Spaltung des Atomkerns setzte offensichtlich viel mehr Energie frei, als ihm durch das beschleunigte Neutron zugefügt worden war. Es hatte eine Art Explosion im Atomkern stattgefunden.

> **Die Spaltung eines Uranatomkerns im Modell:**
> 1. Ein beschleunigtes Neutron prallt auf den Atomkern von Uran-235.
> 2. Der Atomkern beginnt zu schwingen.
> 3. Die Kernkraft hält die Kernteilchen nicht mehr zusammen.
> 4. Der Atomkern zerplatzt in zwei kleinere Atomkerne (z. B. Barium-141 und Krypton-92 und ein paar Neutronen).

So machten Lise Meitner, Otto Hahn und ihre Mitarbeiter die Entdeckung, die später zur Nutzung der Kernenergie führte. Allerdings war die Energie, die bei einer einzigen Atomkernspaltung frei wurde, sehr gering. Doch konnten sich völlig neue Möglichkeiten der Energiegewinnung ergeben, wenn es jetzt gelang, nicht nur einzelne, sondern viele Uranatome zu spalten.

Die Kettenreaktion

Wie aber kann man nun viele Uranatome zur Kernspaltung anregen? Beim Zerfall eines Urankerns werden neben den zwei großen Bruchstücken zwei oder drei Neutronen freigesetzt. Diese können jeweils wiederum ein Uranatom spalten, dabei werden zwei oder drei Neutronen freigesetzt. Diese können jeweils wiederum ein Uranatom spalten, dabei werden zwei oder drei weitere Neutronen frei, die wieder neue Atome spalten. Eine KETTENREAKTION beginnt: Ist es erst nur ein Neutron, das auf einen Atomkern trifft, so können es danach 3, dann 9, dann 27, 81 usw. werden. Eine Lawine von Kernspaltungen kommt so schnell ins Rollen, daß im Bruchteil einer Sekunde eine ungeheure Anzahl von Atomkernen zerfällt. Dabei werden natürlich auch wesentlich größere Mengen Energie frei als bei einer einzelnen Atomkernspaltung. Bei der vollständigen Spaltung aller Atomkerne eines Gramms Uran würde so viel Energie frei wie beim Verbrennen von 3000 kg Steinkohle.

„Atompilz" des überirdischen Atombombentests 1954 im Bikini Atoll, bei dem gewaltige Energiemengen freigesetzt wurden

Läßt man die Kettenreaktion unkontrolliert ablaufen, so wird als Folge eine riesige Energiemenge explosionsartig frei. Ihre verheerende Wirkung wird bei der Atombombe sichtbar: Enorme Hitze, Druckwellen und für lange Zeit radioaktive Strahlung zerstören in weitem Umkreis alles Leben.

Wie kann man nun aber diese enormen Energiemengen, die doch alle unsere Energieprobleme auf Dauer lösen könnten, in den Griff kriegen und zur friedlichen Energiegewinnung nutzen? Dazu muß man die Kettenreaktion kontrollieren. Es dürfen nicht immer mehr und mehr Urankerne zerfallen, sondern ihre Anzahl muß gleich bleiben. Das bedeutet aber, daß von den zwei oder drei Neutronen, die bei jeder Kernspaltung entstehen, nur eines einen neuen Urankern zum Spalten bringen soll. Man muß also ein bis zwei Neutronen je Kernspaltung abfangen, um die Kettenreaktion zu steuern.

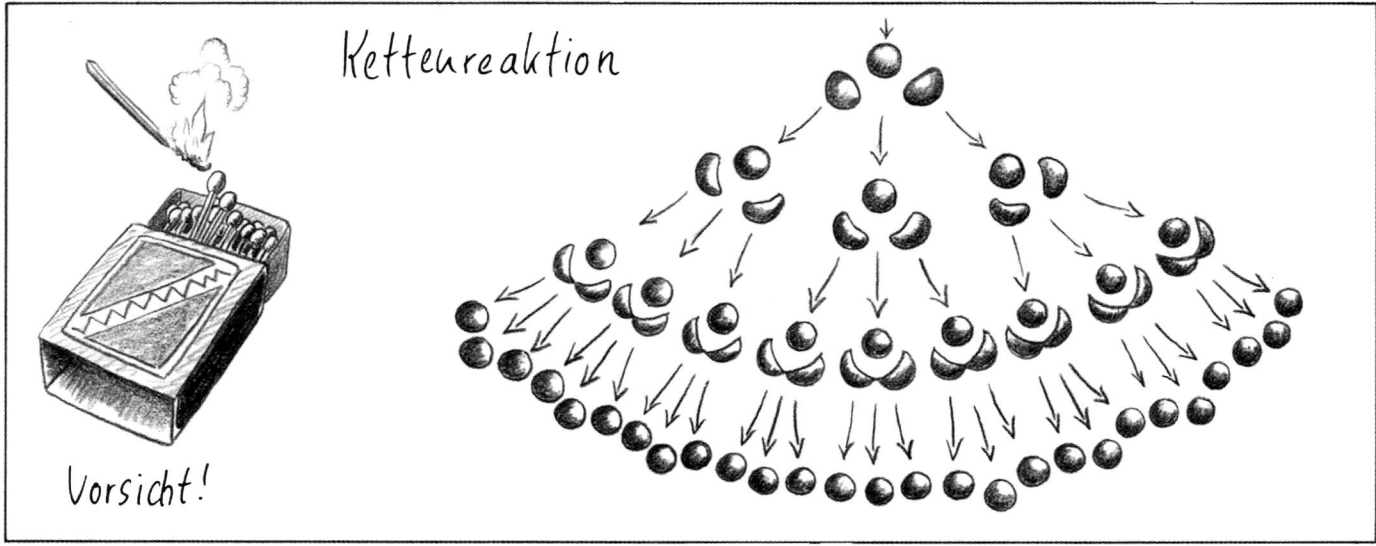

Das Kernkraftwerk

Diese kontrollierte Kettenreaktion geschieht im Kernkraftwerk. Kernkraftwerke haben wie alle anderen Kraftwerke die Aufgabe, Strom zu liefern. In ihrer grundsätzlichen Arbeitsweise ist zunächst kein großer Unterschied erkennbar. Im Kraftwerk wird Wärme erzeugt, die Wasser zum Verdampfen bringt. Der Wasserdampf treibt eine Turbine und die wiederum einen Generator an, der dann den elektrischen Strom liefert.

Der Unterschied zu anderen Kraftwerken besteht in der Energiequelle. Wird beim herkömmlichen Kraftwerk die Wärme durch das Verbrennen von Kohle, Öl oder Gas erzeugt, so liefert beim Kernkraftwerk die Kernspaltung die nötige Wärme. Der Brennkessel ist beim Kernkraftwerk durch einen Kernreaktor ersetzt, in dem die Kernenergie frei wird.

Der Kernreaktor

Der Reaktor enthält im wesentlichen Uran, Wasser und entsprechende Materialien, die die Neutronen abfangen, um die Kettenreaktion zu kontrollieren. Genau genommen findet die eigentliche Kernspaltung in den BRENNSTÄBEN statt. Die Brennstäbe bestehen aus Metallröhren bis zu 4 m Länge. Gefüllt sind diese mit zu Tabletten gepreßtem Uranoxid. Mehrere Brennstäbe werden zu Brennelementen zusammengefaßt. In diesen Brennelementen wird die Kettenreaktion in Gang gesetzt.

Wie steuert man die Kettenreaktion so, daß gerade nur so viel Energie frei wird, wie man braucht? Dazu fährt man in den Reaktor Stäbe aus Materialien, die die Neutronen abfangen und festhalten, so daß sie keine weiteren Kettenreaktionen mehr auslösen. Diese Stäbe sind meistens aus Bor oder Cadmium und werden STEUERSTÄBE genannt. Sie können zwischen die Brennstäbe geschoben werden. Wenn sie fast herausgezogen sind, schlucken sie wenige Neutronen, und die Kettenreaktion läuft schnell und heftig ab, sind sie hineingefahren, schlucken sie viele Neutronen und verlangsamen die Kettenreaktion. Durch das Hinein- und Herausfahren der Steuerstäbe läßt sich die Kernspaltung im Normalfall beherrschen. Schließlich soll nur so viel Energie freigesetzt und umgewandelt werden, wie man braucht, um den jeweiligen Bedarf an elektrischer Energie zu decken. Ist die Art, wie die Kettenreaktion gesteuert wird, bei allen Kernkraftwerken gleich, so gibt es jedoch Unterschiede, wie die Wärmeenergie, die dabei entsteht, aus dem Reaktor herausgeholt wird.

Der Siedewasserreaktor

Bei diesem Reaktor übernimmt das Wasser gleich mehrere wichtige Aufgaben. Zunächst bremst es die Neutronen. Die Neutronen, die bei einer Kernspaltung in den Brennelementen frei werden, sind nämlich zu schnell, um eine neue Kettenreaktion auszulösen.

Die einzelnen Brennstäbe tauchen daher in Wasser ein, die Neutronen werden abgebremst und können jetzt in einen anderen Brennstab eindringen und dort eine neue Reaktion auslösen. Das Wasser dient aber nicht nur als Moderator. Es hat noch zwei weitere Funktionen:
Es dient zum einen als Kühlmittel. Die Energie wird ja in den Brennstäben frei. Diese würden schmelzen, wenn sie nicht von Wasser umgeben wären, das sie kühlt. Dabei erhitzt sich das Wasser und verdampft. Zum anderen transportiert es die Energie. Bei den sogenannten Siedewasserreaktoren wird die Energie, die bei der Kernspaltung frei wird, aus den Brennstäben direkt an das Wasser abgegeben. Das Wasser erwärmt sich dabei sehr stark und verdampft unter

Der Moderator

Nicht jedes Uranisotop eignet sich zur Kernspaltung. Das Uran, das im Reaktor verwendet wird, besteht nur zu 3% aus spaltbarem U-235 und zu 97% aus U-238. U-238 hat aber die Eigenschaft, die freigesetzten Neutronen zu schlucken. Wenn die Neutronen nun die U-235-Kerne spalten sollen, dürfen sie nicht zu schnell an ihnen vorbeifliegen. Die Geschwindigkeit der Neutronen muß verringert werden, damit das Neutron genug Zeit hat, mit dem U-235-Kern zu reagieren. Die Bremse, die die Geschwindigkeit verändert bzw. moderiert, heißt MODERATOR. Wasser eignet sich hierzu besonders gut. Es verlangsamt die Neutronen so, daß eine Kettenreaktion im Reaktor stattfinden kann.

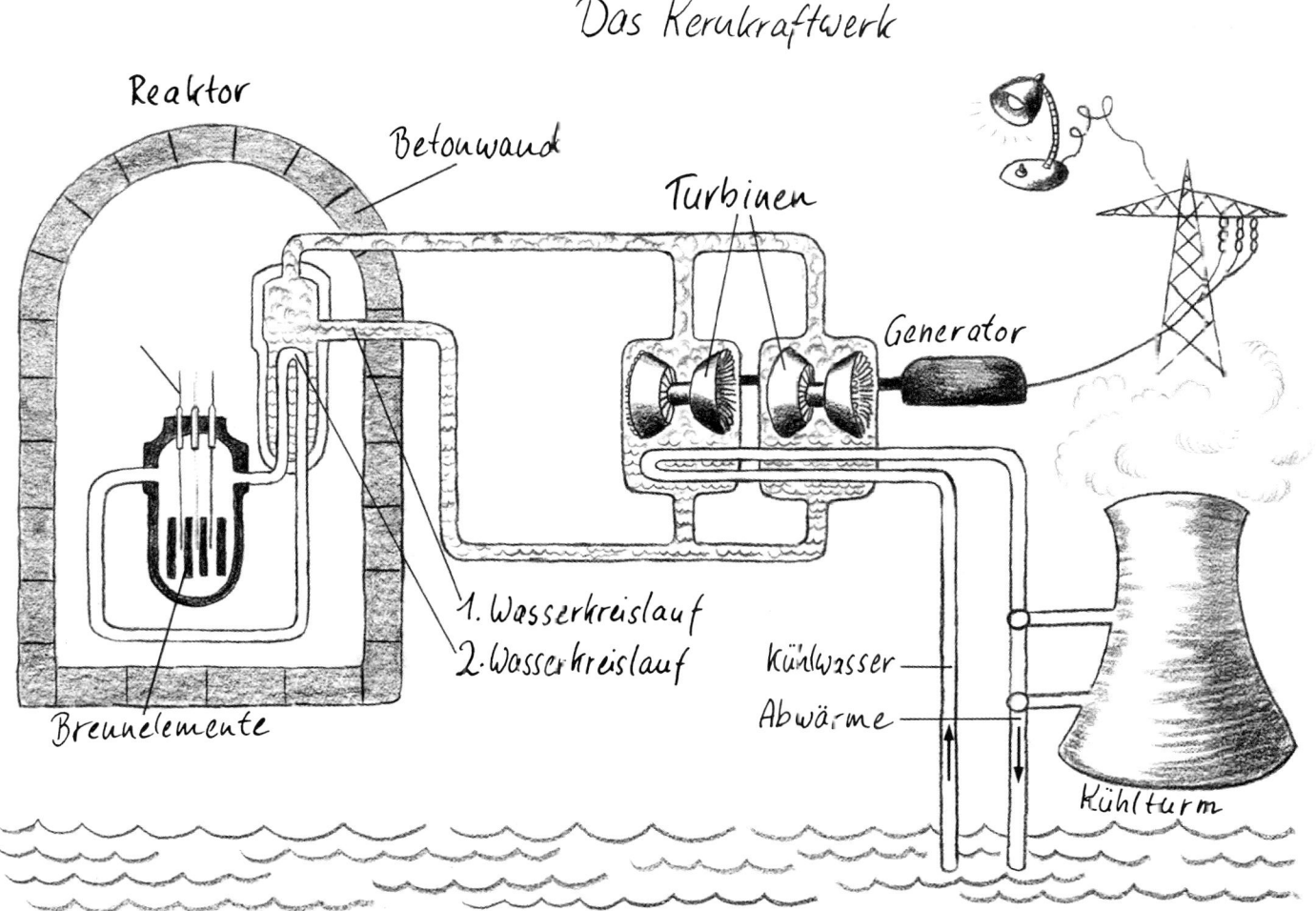

Das Kernkraftwerk

Brennelement eines Druckwasserreaktors. An seinem Kopfende ragen die montierten Brennstäbe heraus.

einem hohen Druck von etwa 70 bar. Dieser Dampf wird aus dem Reaktordruckgefäß herausgeführt und treibt eine Turbine an.

Hinter der Turbine wird der Dampf wieder gekühlt, so daß er zu Wasser kondensiert, das wieder in den Reaktor zurückfließt. Das Besondere hierbei ist also, daß das Wasser bzw. der Dampf, der die Turbinen antreibt, derselbe ist, der die Reaktorstäbe umspült. Daher wird dieses Wasser und damit auch die Turbine im Laufe der Zeit selbst radioaktiv.

Der Druckwasserreaktor

Bei einem Druckwasserreaktor hingegen läßt man in dem Reaktordruckgefäß einen so großen Druck zu, daß das Wasser selbst bei 330 °C noch nicht verdampft. Es wird also heißes Wasser aus dem Reaktor herausgeführt. Seine Wärme gibt es an einen getrennten zweiten Wasserkreislauf ab, bevor es kühler in den Reaktor zurückfließt. Das Wasser dieses zweiten Kreislaufes steht unter geringerem Druck. Es verdampft ebenfalls und treibt eine Turbine an, die wiederum elektrischen Strom erzeugt. Der Dampf bzw. das Wasser dieses zweiten Kreislaufes wird also nicht radioaktiv. Die meisten Reaktoren in Deutschland sind solche Druckwasserreaktoren.

Sowohl der Siedewasserreaktor als auch der Druckwasserreaktor wird als LEICHTWASSERREAKTOR bezeichnet, da beide als Kühlmittel leichtes Wasser H_2O – vgl. Wasserstoffisotope auf Seite 48 – benutzen. Anders dagegen der Brutreaktor.

Inhärente Sicherheit

Beide Leichtwasserreaktoren, der Siede- und der Druckwasserreaktor, besitzen eine Besonderheit, die sogenannte inhärente Sicherheit, also eine sich „von selbst" einstellende Sicherheit. Sollte bei einem Unfall der Druckbehälter bersten oder ein Leck bekommen, verdampft das Wasser sofort. Damit wird zwar Radioaktivität freigesetzt, aber da das Wasser zwischen den Brennstäben jetzt fehlt, werden die Neutronen nicht mehr abgebremst, und die Kettenreaktion bricht zusammen.

Die Brüter

Woher kommt nun aber der Reaktorbrennstoff? Von dem Uran, das man in der Natur findet, ist nur ein Isotop, das Uran-235, durch das Beschießen mit Neutronen spaltbar. Gerade dieses Isotop kommt aber am seltensten in der Natur vor. Das Uran-238 stört sogar die Kettenreaktion, denn es absorbiert die Neutronen in den Brennelementen.

Um U-235 zu erhalten, wird Uranerz abgebaggert und daraus Uran gewonnen. Dieses Uran wird mit Riesenaufwand in seine Isotope zerlegt, so daß das Isotop U-235 möglichst konzentriert vorliegt. Dieses Verfahren nennt man ANREICHERUNG. Der Trennprozeß ist sehr energieaufwendig. Die beim Abbau und bei der Anreicherung benötigte Energie wird zum großen Teil durch Verbrennen von Öl und Treibstoff gewonnen. Die aus Kernbrennstoff gewonnene elektrische Energie ist also nicht „CO_2-frei".

Urangewinnung – Gefährdung und Abfall

Um Uran zu bekommen, wird häufig im Tagebau uranhaltiges Gestein ausgegraben und anschließend zerkleinert und gemahlen. Das Uran läßt sich nur zu einem Teil abtrennen, und übrig bleibt ein feines, mehlartiges Pulver. Es enthält Radioaktivität, ist also radioaktiver Abfall. Meist wird es jedoch einfach oberirdisch gelagert und ist Wetter und Wind ausgesetzt. Regen spült es ins Grundwasser und Wind verteilt es über Hunderte von Kilometern. Ein großer Teil dieser Uranminen liegt in Nordamerika in den Indianerreservaten und in Australien in den Lebensgebieten der Ureinwohner. Oft wurden die hier lebenden Menschen über die Gefahren nicht aufgeklärt (siehe S. 60). Wer die Atomenergie als „saubere" Energie preist, vergißt, daß bereits bei dem Abbau des Kernbrennstoffs Radioaktivität in die Umwelt gelangt und beträchtliche Mengen an „strahlendem" Abfall anfallen.

Ein Druckwasserreaktor wird mit Brennelementen beladen.

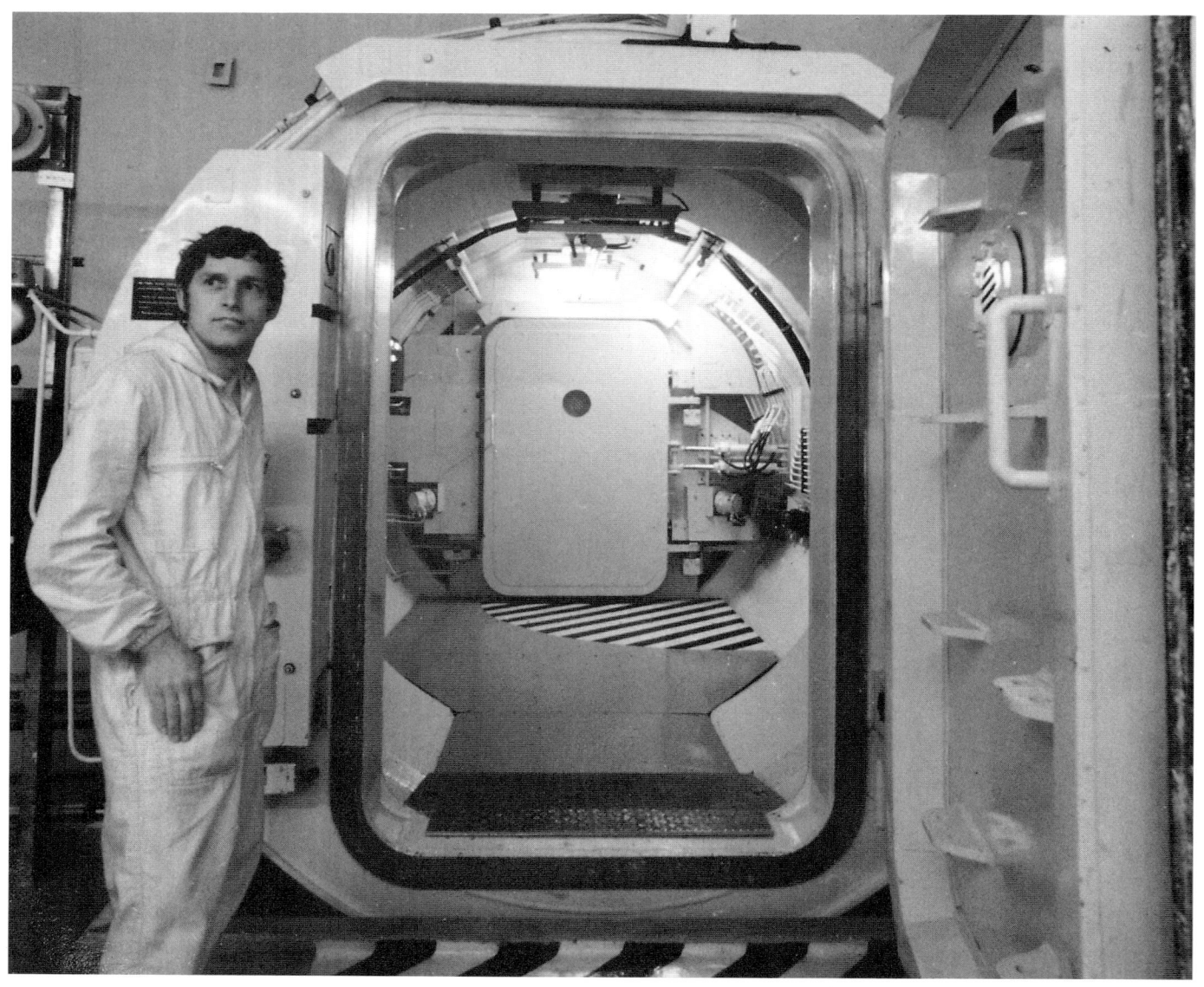
Diese Schleuse müssen alle Mitarbeiter passieren, wenn sie das Reaktorgebäude betreten und verlassen.

Um dieses Kernbrennstoffproblem zu lösen, wurde versucht, einen Reaktor zu entwickeln, der seinen Brennstoff selbst liefert: der Brutreaktor. Im Brutreaktor laufen gleich zwei Prozesse auf einmal ab. Zum einen wird Energie geliefert, zum anderen wird Plutonium-239 „erbrütet".

Der Brutreaktor produziert also gleichzeitig den Brennstoff, den er verbraucht, zum Teil sogar mehr, als er verbraucht.

Dieser Vorgang wird möglich, da im Brutreaktor von vornherein als spaltbares Material Plutonium-239 verwendet wird, das bei jeder Spaltung 2 bis 3 Neutronen freisetzt. Ein oder zwei fließen in die Kettenreaktion ein, das oder die anderen werden von Uran-239-Kernen eingefangen, die sich so zu Plutonium-239 umwandeln.

Plutonium-239 ist aber instabil und höchst radioaktiv. Da der Umgang mit einem so leicht spaltbaren Material besonders gefährlich ist, muß dieser Reaktor stärker gesichert werden.

Der eigentliche Brutreaktor besteht aus den Brennelementen und den Brutelementen. Durch den hohen Anteil an leicht spaltbarem Plutonium-239 ist die Wärmeabgabe der Brennelemente sehr hoch. Wasser kann man als Kühlmittel nicht mehr verwenden, es

> **Plutonium**
>
> Plutonium kommt in der Natur kaum vor, da es stark radioaktiv ist und seine vor Milliarden Jahren entstandenen Atome inzwischen in andere chemische Elemente zerfallen sind. Heute kann es aber künstlich hergestellt werden. Bei diesem Prozeß werden Atomkerne vom Uran-238 mit Neutronen angereichert. Dabei wandelt sich ein Neutron in ein Proton um, und der Atomkern hat ein Proton mehr. Auf diese Weise wird aus Uran-238 Plutonium-239, ein silberweißes Schwermetall. Der Atomkern ist nicht sehr stabil. Ein instabiles Element aber, wie Plutonium-239, läßt sich besonders leicht spalten, ist also wiederum im Reaktor einsetzbar.

würde sofort verdampfen. Dieser Reaktor wird daher mit flüssigem Natrium, das Wärme sehr gut leitet, gekühlt. Ansonsten funktioniert er wie ein Druckwasserreaktor.

Natrium wird schon bei 100°C flüssig, löst aber im Kontakt mit Luft oder Wasser heftige chemische Reaktionen aus und entzündet sich von selbst. Mit Wasser löschen zu wollen wäre höchst gefährlich, es würde einen solchen Brand noch weiter anfachen.

Der Brutreaktor ist der bislang umstrittenste Reaktortyp unter den Kernkraftwerken. Nicht nur, weil er mit vielen Sicherheitsrisiken behaftet ist, sondern vor allem auch, weil er mit dem Plutonium-239 das Spaltmaterial liefert, aus dem die Atombombe gebaut wird. Hinzu kommt noch, daß Plutonium, ganz abgesehen von seiner Radioaktivität, hochgiftig ist. 80 kg würden ausreichen, um die ganze Menschheit zu vernichten.

Strahlenschutz im Kernkraftwerk

Der Umgang mit Radioaktivität erfordert, daß die Arbeit für die Mitarbeiter eines Kernkraftwerks doch sehr anders aussieht als in einem herkömmlichen Kraftwerk. Das kann man schon von außen an den hohen Stacheldrahtzäunen erkennen. Hier wird Sicherheit groß geschrieben. Gleich an der Pforte geht es weiter. Mitarbeiter oder Besucher können das Kernkraftwerk nur betreten, wenn sie einen Werksausweis haben. Der Ausweis dient als Schlüssel, mit dem man die Sicherheitssperren öffnen und schließen kann. Dabei wird die Ausweisnummer stets von einem Computer registriert, so daß jederzeit festgestellt werden kann, wo sich ein Mitarbeiter im Augenblick aufhält. Im Sicherheitsbereich darf niemand mit Straßenkleidung herumlaufen. Ein Overall, Handschuhe und Überziehschuhe gehören zu der Schutzkleidung. Den ganzen Tag in solcher Kleidung herumlaufen zu müssen, sich nicht mit den Händen ins Gesicht fassen zu dürfen, sich nicht kratzen zu können, ist bestimmt keine angenehme Arbeitsweise.

Außen an der Schutzkleidung wird ein Strahlenmeßgerät, ein DOSIMETER, befestigt. Es zeigt die Menge

Ein Dosimeter gibt an, wieviel Strahlung jemand angesammelt hat.

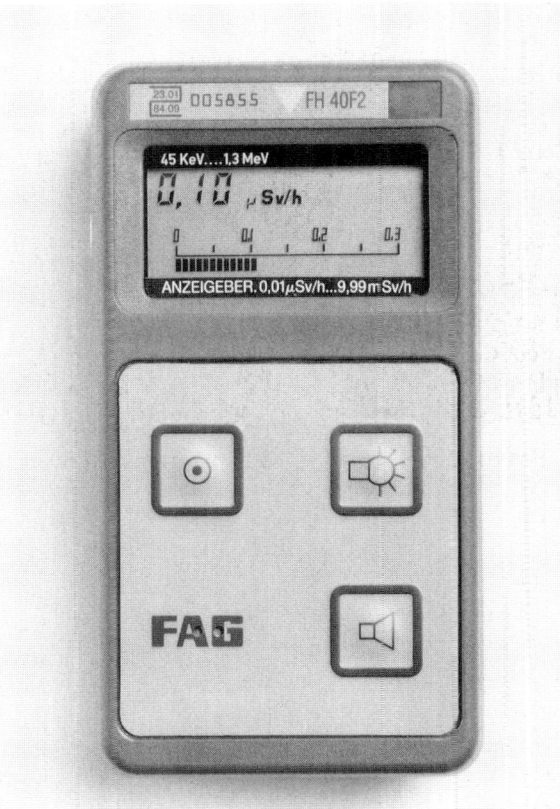

der radioaktiven Strahlung an, die jemand in einem bestimmten Zeitraum abkriegt. Um in das Reaktorgebäude selbst zu gelangen, müssen etliche Drehtüren und Luftschleusen mit dem Werksausweis geöffnet und passiert werden.

Will jemand den sogenannten heißen Bereich betreten, muß er nochmals grellfarbige Schutzschuhe überziehen, damit auch wirklich kein radioaktiver Staub an den eigenen Schuhen kleben bleibt und nach außen getragen wird. Hier heißt es auch Handschuhe anziehen und möglichst wenig anfassen. Wurden die Schutzschuhe einmal benutzt, sind sie so belastet, daß sie als radioaktiver Abfall weggeworfen und entsorgt werden müssen.

Vor dem Verlassen des Kernkraftwerks muß zuerst die Sicherheitskleidung abgegeben und das Dosimeter kontrolliert werden.

Sehr viel Aufwand wird hier betrieben, damit niemand radioaktive Strahlung abbekommt oder strahlende Stoffe nach außen trägt. Ist dieser Aufwand nötig? Welche Wirkung haben denn radioaktive Strahlen auf den Menschen?

Der „Geigerzähler"

Erfunden wurde der Geigerzähler 1928 von den deutschen Physikern Geiger und Müller. Mit diesem Gerät kann man radioaktive Strahlung nachweisen und messen. Der Geigerzähler besteht aus einem Rohr (Ionisierungskammer), in dessen Mitte sich ein dünner Draht, eine Elektrode, befindet. Dieser Draht wird auf eine Spannung von einigen tausend Volt aufgeladen. So entsteht um ihn herum ein starkes elektrisches Feld. Wenn radioaktive Strahlung in das mit einem speziellen Gas gefüllte Rohr eindringt, geben die Gasatome Elektronen ab, sie werden so zu Ionen. Die Ionen wandern zum positiven Pol, und es entsteht ein kurzer Stromstoß. Dieser Stromstoß wird als ein Ticken oder Piepsen hörbar gemacht.

Von Strahlen und Grenzwerten

Überall in unserer Umgebung gibt es Atome, die zerfallen und radioaktive Strahlen freisetzen. Radioaktivität ist überall, im Boden, im Wasser und in der Nahrung. Die Strahlung trifft von außen auf unseren Körper. Wir atmen radioaktive Atome ein oder nehmen sie mit der Nahrung auf, wir speichern sie in unserem Körper, ja wir strahlen sogar selbst radioaktiv.

In der Regel merken wir nichts von der Radioaktivität, da sie weder zu sehen, zu hören, zu fühlen noch zu riechen ist. Dennoch wirkt sie auf Mensch und Tier. Dabei ist es egal, ob es sich um Strahlung aus dem Boden, um Strahlung aus der Luft oder um künstliche Strahlung handelt.

Trifft radioaktive Strahlung auf menschliches Gewebe, so kann sie es als unmittelbare Folge verändern oder zerstören. Schwache Strahlung schädigt das Gewebe wenig, starke Strahlung mehr. Dabei reicht die Palette von Hautrötungen bis zum Tod bei einer Überdosis Strahlung. Hinzu kommen die Schäden, die sich erst später einstellen.

Schon schwache Strahlung kann die Körperzellen so verändern, daß Krebs entsteht, beispielsweise die Bluterkrankung Leukämie. Wann welche Strahlung welche Krankheit hervorruft, darüber gibt es keine genauen Angaben. Eine Rolle spielt mit Sicherheit der Zeitraum, in dem ein Mensch der Strahlung ausgesetzt ist, ferner die Art und Intensität der Strahlung. Auch ist der Körperteil entscheidend, auf den die Strahlung trifft.

Um trotz der Unterschiede eine feste Meßgröße zu bekommen und die verschiedenen Arten der Strahlenbelastung miteinander vergleichen zu können, entwickelten die Wissenschaftler die Äquivalentdosis (äquivalent = gleichwertig, Dosis = Menge).

Die Äquivalentdosis

Die Äquivalentdosis ist ein auf Erfahrung beruhendes Maß für die gesundheitliche Auswirkung radioaktiver Strahlung.
Die Maßeinheit für die Äquivalentdosis war früher, bis 1986, das Rem, heute ist sie das Sievert (Sv).

Es wurden GRENZWERTE festgelegt, die besagen, wieviel Sv Strahlung einem Menschen zugemutet werden darf.

Die Festlegung von Grenzwerten ist sicher sinnvoll. Da aber niemand genau weiß, ab wann welche Strahlung welche Krankheit hervorruft, die Grenzwerte also willkürlich festgesetzt werden, ist es schwer zu entscheiden, ob die Werte angemessen, zu niedrig oder zu hoch festgelegt sind.

Kernkraftwerk an der Isar. Kühlwasser ist im Kernkraftwerk besonders wichtig.

Was wird aus der Abwärme?

Eines haben alle Kernkraftwerke gemeinsam. Sie alle arbeiten nach dem Prinzip der mehrfachen Umwandlung von Energie. Das bedeutet, daß die Kernenergie in Wärmeenergie, die Wärmeenergie in Bewegungsenergie und diese wiederum in elektrische Energie umgewandelt wird.

Um die Wärme in Bewegung umzuwandeln, wird Dampf erzeugt, der durch eine Dampfturbine gepreßt wird. Dieser Dampf muß aber, nachdem er die Turbine durchlaufen und sich abgekühlt hat, weiter abgekühlt werden. Wie im herkömmlichen Kohlekraftwerk entsteht wiederum ungenutzte Abwärme. Sie ist bei Kernkraftwerken wegen der Aufteilung in getrennte Wasserkreisläufe sogar größer und beträgt fast 70% der ingesamt erzeugten Energie.

Um die Wärme loszuwerden, liegen Kernkraftwerke an großen Flüssen, die als Kühlwasser dienen. Zusätzlich benötigen die Kraftwerke noch riesige Kühltürme. Zum Heizen von Häusern kann die Abwärme nicht genutzt werden, da Kernkraftwerke möglichst nicht in der Nähe großer Städte liegen sollen

Wohin mit dem Müll?

Neben der Abwärme entstehen in den Kernkraftwerken noch andere Abfallprodukte, von denen man nicht weiß, wie man sie loswerden soll. Beim Reaktorbetrieb zerfällt das Uran in den Brennstäben. Kernkraftwerke „produzieren" ständig ausgebrannte Brennstäbe und benötigen ständig frische Brennstäbe. Nach einem Jahr Laufzeit müssen in einem Leichtwasserreaktor etwa $1/3$ aller Brennstäbe ausgewechselt werden. Ein Kernkraftwerk mit einer Leistung von 1 000 Megawatt verbraucht im Jahr rund 30 000 kg Uran. Obwohl verbrauchen nicht ganz der richtige Ausdruck ist, denn die 30 000 kg sind ja nicht etwa verschwunden, sie sind nur durch die Kernspaltung so verändert, daß sie im Reaktor nicht mehr funktionieren.

30 000 kg frische Brennstäbe bestehen aus rund 29 000 kg Uran-238 und aus 1 000 kg Uran-235. Ausgebrannte Brennstäbe haben dagegen eine andere Zusammensetzung. Die 30 000 kg teilen sich folgendermaßen auf:

28 350 kg Uran-238,
   260 kg Uran-235,
   280 kg Plutonium und etwa
   975 kg weitere Spaltprodukte, die Reste der zertrümmerten Atomkerne.

Schwach- und mittelradioaktive Abfälle werden in solchen Reifenfässern nach strengen Sicherheitsvorschriften verpackt.

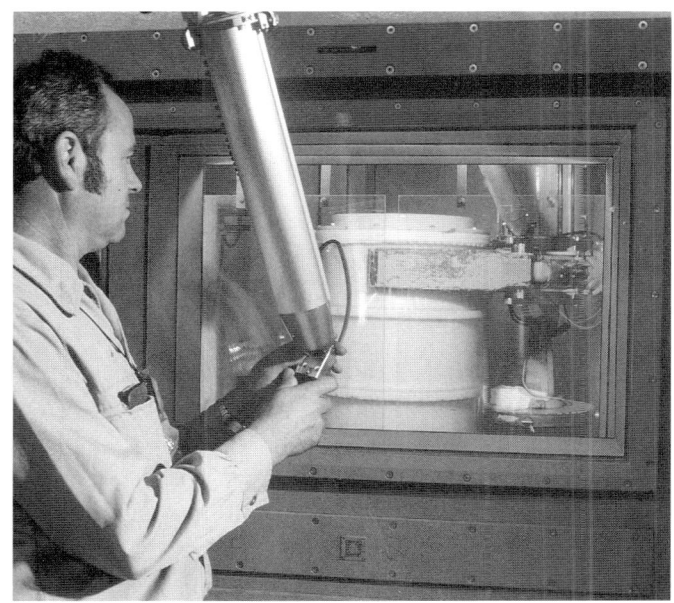

Blick durch ein Strahlenschutz-Bleiglasfenster in eine „Heiße Zelle" – ein abgeschirmtes Gehäuse, in dem nochaktive Stoffe nur mit Fernbedienung gehandhabt werden.

In solche Edelstahlbehälter wird hochaktiver, vorher verglaster Abfall gefüllt.

War die radioaktive Strahlung in den frischen Brennstäben mit einigen Hundert Curie noch vergleichsweise gering, so strahlen ausgebrannte Brennstäbe sehr stark. Die Radioaktivität beträgt jetzt einige Milliarden Curie.

Was geschieht nun mit den strahlenden Atomkerntrümmern, mit den strahlenden Isotopen von Strontium, Plutonium, Jod, Cäsium, Krypton-85 usw.? Das alles sind Stoffe, die über Hunderte, einige sogar über Tausende von Jahren radioaktive Strahlung abgeben. Rund 250 000 kg dieses radioaktiven Mülls fallen pro Jahr allein in deutschen Kernkraftwerken an.

Dieser Abfall verschwindet nicht so schnell. Es gibt nur zwei Möglichkeiten, mit dem radioaktiven Abfall umzugehen: die WIEDERAUFBEREITUNG und die sogenannte ENDLAGERUNG.

Die Wiederaufbereitung

Die ausgebrannten Brennstäbe können zunächst nicht außerhalb des Reaktorgeländes transportiert werden. Die Brennstäbe sind so radioaktiv, daß sie mit ferngesteuerten Greifern im Kernkraftwerk in einem Wasserbecken unmittelbar neben dem Reaktor gelagert werden. Im Laufe eines Jahres verringert sich ihre Strahlung auf etwa ein Dreißigstel

Danach sollten die Brennstäbe in ein Zwischenlager gebracht werden, Gorleben in Niedersachsen ist zum Beispiel ein solches. Aus diesem Zwischenlager wird ein Teil der Brennstäbe in die Wiederaufbereitungsanlage transportiert.

Hier werden, mit ferngesteuerten Werkzeugen hinter 2 m dicken Betonmauern mit Fenstern aus bleihaltigem, die Strahlung absorbierendem Glas, die Brennstäbe zersägt und in Salpetersäure aufgelöst. Durch verschiedene chemische Prozesse werden dann die einzelnen Stoffe voneinander getrennt und zurückgewonnen, wobei das Uran-235 und das Plutonium wieder zu neuen Brennstoffen verarbeitet werden. Der strahlende Rest muß endgelagert werden. So einfach gerade letzteres klingt, so aufwendig ist es im einzelnen.

Bei uns in Deutschland gibt es zur Zeit überhaupt keine Wiederaufbereitungsanlage. Geplant war eine große Anlage in Wackersdorf. Obwohl viele Menschen, insbesondere die Anwohner, dagegen demonstrierten, ist mit dem Bau begonnen worden Viele Bäume wurden gefällt, ein mächtiger Zaun errichtet,

Hochaktive Abfälle werden in einem komplizierten Schmelzverfahren bei 1200°C verglast.

die Erde planiert und so weiter. Erst dann stellten die Verantwortlichen fest, daß die Wiederaufbereitung bei uns zu teuer würde.

Daher wird ein Teil der ausgebrannten Brennstäbe im Ausland, in Sellafield in England und in La Hague in Frankreich, aufgearbeitet. Das bedeutet, radioaktive Stoffe müssen über große Entfernungen durch dichtbesiedelte Länder transportiert werden. Hinzu kommt, daß sich in dem englischen Atomzentrum Sellafield, in dem auch Kernreaktoren betrieben werden, zahlreiche Unfälle ereigneten, bei denen radioaktive Stoffe entwichen sind. Zusätzlich werden mit staatlicher Genehmigung fortlaufend radioaktive Substanzen ins Meer, in die Irische See, eingeleitet. Radioaktive Abfälle aus der Wiederaufbereitungsanlage Sellafield haben bewirkt, daß das Meer hier über weite Strecken verseucht ist. Baden oder Fische essen wäre hier lebensgefährlich.

In den letzten Jahren wurde festgestellt, daß Kinder, die in der Nähe der Anlage leben, häufiger an Blutkrebs erkranken als andere. Brennstäbe im Ausland aufarbeiten zu lassen bedeutet nicht, mit dem radioaktiven Abfall auch die Verantwortung abzugeben.

Der strahlende Abfall

Brennstäbe und das, was von ihnen nach der Wiederaufbereitung übrigbleibt, sind nicht der einzige Müll, der in Kernkraftwerken anfällt. Reinigungsflüssigkeit, Schutzkleidung, Laborabfälle, Filter, Behälter usw. sind alles Abfälle, die radioaktiv strahlen.

Zusammen mit den Überresten der Brennstäbe wird dieser Müll in verschiedene Gefährlichkeitsgrade eingeteilt und entsprechend behandelt:

Die erste Gruppe stellen die SCHWACHRADIOAKTIVEN Abfälle dar. Eingedampft, gepreßt oder verbrannt werden diese Reste mit Beton oder Bitumen (einer Teerart) vermischt und in 200 Liter-Fässer abgefüllt.

Die MITTELAKTIVEN Abfälle bilden die zweite Gruppe, beispielsweise die zerkleinerten Hüllen der Brennstäbe. Sie werden ebenfalls in Fässer einzementiert.

Die HOCHAKTIVEN Abfälle der dritten Gruppe, die 99% der Radioaktivität enthalten, erfordern eine andere Behandlung. Erst einmal müssen sie drei bis fünf Jahre lagern, dann werden sie bei über 1000°C mit Glaspulver verschmolzen und in dickwandige Edelstahlbehälter gefüllt.

Ein einziges Kernkraftwerk mit 1000 Megawatt Stromleistung produziert pro Jahr knapp 300 m³ leicht- und mittelaktiven, sowie 3 m³ hochaktiven Abfall. Bedenkt man, daß 1985 weltweit 375 Kernkraftwerke fertiggestellt und in Betrieb waren, weitere 156 im Bau und 116 in der Planung waren, kann man sich die heutige Größe des „strahlenden" atomaren Müllbergs ausmalen.

In diesem Wasserbecken lagern Brennelemente mit ausgebrannten Brennstäben.

Vom Endlagern

Aber wohin nun damit, wie können diese Abfälle sicher gelagert werden, gibt es überhaupt eine sichere Endlagerung?
Soll man sie tief unter der Erde vergraben oder in den Weltraum schießen? Wie man die Abfälle einigermaßen ungefährlich entsorgen kann, darüber gehen die Meinungen auseinander. Bis heute gibt es keine überzeugende Lösung.
So wurde in den 50er und 60er Jahren ein Teil des radioaktiven Abfalls in Tonnen eingeschlossen und einfach im Meer versenkt. Allein 1967 beseitigten Frankreich, Belgien, die Niederlande und Großbritannien auf diese Weise 35 800 Behälter radioaktiven Abfall. Dabei wußte niemand, wie lange die Fässer dicht bleiben würden.

1984 hob vor der spanischen Küste die Mannschaft eines deutschen Forschungsschiffes Fässer mit Atommüll aus dem Wasser. Radioaktive Gase strömten aus den Fässern, und es schien zu gefährlich, die Fässer an Bord zu lagern und an Land zu bringen. Sie wurden ins Meer zurückgeworfen.

Seit 1984 ist es verboten, radioaktive Abfälle im Meer zu versenken. Aber viele Stellen der Weltmeere sind heute durch diese Abfälle radioaktiv belastet. Fische, Muscheln, Krebse und Algen sind verseucht.

Im Salzstock

Heute werden stillgelegte Salzstöcke für die Lagerung schwach- und mittelradioaktiver Abfälle genutzt. Die Salzstöcke haben den Vorteil, daß sie aus einem relativ weichen, verformbaren Mineral, nämlich Steinsalz, bestehen. Da das Steinsalz sich leicht verformt, können auftretende Spalten und Hohlräume sich wieder schließen. Wasser wird hier mit gewisser Wahrscheinlichkeit nicht eindringen, sonst wäre das Salz ja bereits gelöst worden. Außerdem hat Steinsalz die Eigenschaft, die Wärme, die bei dem weiteren radioaktiven Zerfall entsteht, schnell abzuleiten.

Der Atommüll wird hier in mehreren Etagen unter der Erde gelagert. In die oberen Etagen werden die schwachradioaktiven Abfallfässer in Steinsalzkammern geschafft und mit Salz bedeckt. Dann werden die Kammern versiegelt. Mittelaktive Abfälle werden in spezielle Kammern in den unteren Etagen des Salzstocks gebracht. In besonderen Betonabschirmbehältern werden sie in diesen Räumen, die von Menschen nicht mehr betreten werden dürfen, gelagert.

Nach einigen Jahren ist schließlich so viel radioaktiver Abfall im Salzstock eingelagert, daß dort nichts mehr unterzubringen ist. Das Salzbergwerk Asse, 20 km südöstlich von Braunschweig, diente von 1967 bis 1978 als ein solches Endlager. Über 100 000 Fässer „strahlenden" Mülls lagern dort. Seit 1977 wird versucht, ein neues Endlager in dem Zwischenlager Gorleben zu errichten. Doch dieses Projekt scheiterte nicht zuletzt am Widerstand der Anwohner, es wurde ausgesetzt.

Denn es bleibt immer noch die Frage offen: Wie sicher sind die Steinsalzstollen wirklich?

Nach dem heutigen Erkenntnisstand besteht keine unmittelbare Gefahr, aber sind die Lager auch in 100 oder 1 000 oder gar in 100 000 Jahren noch sicher? Die radioaktiven Abfälle, die hier gelagert werden sollen, haben zum Teil eine Halbwertszeit von vielen tausend Jahren. Was geschieht mit ihnen bei Erdverschiebungen, was passiert bei einem Wassereinbruch, wie verändert sich das Salz durch die andauernde radioaktive Bestrahlung? Die Ungewißheit, was in Zukunft mit den radioaktiven Stoffen passieren wird, besteht weiter.

Ein Endlager für den hochradioaktiven Abfall gibt es bis heute nirgendwo auf der Welt. Dieser Abfall entwickelt durch die intensive Strahlung eine enorme Hitze. Bislang hat man keinen Platz gefunden, an

Blick in eine Salzstockkammer – hier lagern Fässer mit radioaktivem Abfall.

Nahrungskette

dem dieser hochgefährliche Müll einigermaßen sicher gelagert werden kann. Das Endlager Morsleben in den neuen Bundesländern, das in der Nähe von Braunschweig liegt, war zwar zu DDR-Zeiten als Lager für hochaktive Abfälle im Gespräch. Inzwischen steht fest, falls Morsleben weiterbetrieben werden kann, wird es kein Endlager für hochradioaktiven Abfall werden. Aber nicht nur die radioaktiv strahlenden Abfälle stellen ein Problem für uns und unsere Umwelt dar.

Wie sicher ist das Kernkraftwerk?

Beim Betreiben eines Kernkraftwerks wird im Inneren des Reaktors starke radioaktive Strahlung freigesetzt. In Stade, einem Kernkraftwerk mittlerer Größe in der Nähe von Hamburg, herrscht im Reaktor eine Radioaktivität von etwa 10 Milliarden Curie. Diese Radioaktivität darf auf keinen Fall an die Außenwelt gelangen. In westdeutschen Kernkraftwerken wird durch drei Sicherheitsbarrieren versucht, ein Freiwerden dieser Radioaktivität zu verhindern:

1. Die Spaltstoffe sind in den Metallhüllen der Brennstäbe eingeschlossen.
2. Die Brennstäbe befinden sich in einem Reaktordruckbehälter aus Stahl, der von einer dicken Betonwand abgeschirmt wird.
3. Ein stählerner, runder Sicherheitsbehälter der dem Reaktor auch die eigenartige Form gibt, umschließt das ganze und wird noch von einer etwa 1 m dicken Betonwand verstärkt.

Auf diese Weise soll ein Bersten des Reaktors sowohl bei Erdbeben, als auch bei eventuell abstürzenden Flugzeugen oder bei einer Gasexplosion im Reaktor verhindert werden. Zu den Gefährdungen vor außen kommen die Gefahren durch Störungen im Kraftwerk hinzu, wenn zum Beispiel das Kühlsystem ausfällt, weil die Rohrleitungen ein Leck haben, eine Pumpe ausfällt oder ein Ventil klemmt.
Selbst wenn dann die Kettenreaktion der Kernspaltung durch die automatisch einfahrenden Steuerstäbe sofort unterbrochen würde, könnte der ungekühlte Reaktorkern außer Kontrolle geraten. Denn nicht nur bei der Spaltung, auch beim Zerfall der Atomkerne, beispielsweise von Plutonium-239, wird Wärme frei.

Während des Betriebs entsteht eine ungeheure Menge radioaktiver Stoffe im Reaktor, die auch, wenn die Kettenreaktion unterbrochen ist, strahlt. Mit der Strahlung entwickelt sich eine enorme Hitze, die sogenannte Nachzerfallswärme. Bei einem Kernkraftwerk mit einer elektrischen Leistung von 1 000 Megawatt bei störungsfreiem Betrieb beträgt die Nachzerfallswärme direkt nach dem Unfall 200 Megawatt. Damit beträgt die Nachzerfallswärme zunächst 20 % der normalen Reaktorleistung – später sind es noch 5 %. Sie ist damit immer noch ebenso groß wie die Lei-

Das Reaktormodell gibt eine Vorstellung von der Größe der Anlagenteile und ihrer Anordnung.

stung eines mittelgroßen Kohlekraftwerks bei vollem Betrieb und kann ausreichen, eine Katastrophe auszulösen. Die Brennstabhüllen und der Spaltstoff würden miteinander verschmelzen, und möglicherweise würde in dem zusammengeschmolzenen Reaktorkern (KERNSCHMELZE) erneut die Kernspaltung beginnen. Dadurch kann sich der Reaktorkern weiter erwärmen und durch den Reaktorboden schmelzen. Die Folgen eines solchen Unfalls sind unvorstellbar. Bezeichnet wird ein solcher Unglücksfall als GAU (GAU = größter anzunehmender Unfall). Um solche Unfälle zu vermeiden, wurden in die Kernkraftwerke weitere Sicherheitssysteme eingebaut. Zum einen gibt es die vorbeugenden Maßnahmen, der Reaktor wird ständig gewartet und kontrolliert, zum anderen hat man zwei voneinander unabhängige Abschaltsysteme installiert:

1. Die REAKTORSCHNELLABSCHALTUNG: Bei Gefahr fallen die Steuerstäbe automatisch in den Reaktorkern und unterbrechen die Kernspaltung. Zudem wird borhaltiges Wasser in den Reaktor gepumpt. (Bor ist ein Element, das besonders gut Neutronen aufnehmen kann.)
2. Das NOTKÜHLSYSTEM: Um bei einem Leck oder ähnlichem schnell den Reaktor kühlen zu können, sind rings um den Reaktor Wasserspeicher aufgebaut, die sofort Kühlwasser in den Reaktor pumpen können.

Diese und andere Sicherheitsvorkehrungen begrenzen das Risiko der Kernkraftwerke, ausschalten können sie die Gefährdung aber nicht. Außerdem haben die verschiedenen Länder und Staaten höchst unterschiedliche Sicherheitsstandards. Da es extrem teuer ist, Kernkraftwerke zu bauen und zu betreiben, fehlt manchen Ländern das Geld, die Sicherheitsvorkehrungen auf den neuesten technisch möglichen Stand nachzubessern.

Von Störfällen und Unfällen

Im April 1986 wurden in Schweden ungewöhnlich hohe Werte radioaktiver Strahlung gemessen. Enorme Mengen radioaktiver Stoffe mußten in die Luft gelangt und hier zu Boden gesunken sein. Was war geschehen?
Der größte anzunehmende Unfall, der GAU, war passiert. In Tschernobyl (damals Sowjetunion, heute Gemeinschaft unabhängiger Staaten – GUS) war ein Reaktor explodiert und in Brand geraten. Die Explosion ereignete sich während eines Experiments, bei dem die Sicherheitssysteme ausgeschaltet waren.
Das Kernkraftwerk hatte außerdem keinen äußeren Sicherheitsbehälter, im Gegensatz zu den Kernkraftwerken in der Bundesrepublik. Durch das entstandene Loch im Reaktor wurden große Mengen radioaktiver Stoffe in die Luft geschleudert. Ein Teil davon stieg durch die enorme Hitze des glühenden Reaktors hoch in die Atmosphäre auf. Eine riesige radioaktive Wolke bildete sich. (Die wichtigsten radioaktiven Stoffe der Wolke mit ihren Halbwertszeiten sind auf Seite 51 angegeben).
Ein Teil der radioaktiven Stoffe fiel in der Umgebung des Unfallreaktors herunter und verseuchte ein riesiges Gebiet mit Radioaktivität, 250 000 Menschen lebten hier bislang.

Die Wolke wurde nach Europa geweht und zog auch über die Bundesrepublik. Der Regen wusch die radioaktiven Stoffe aus und ließ sie auf uns niederrieseln. Plötzlich hieß es bei uns: Nicht im Regen spazierengehen! Kinder durften nicht auf den Spielplatz gehen und in der Sandkiste buddeln. Der Erdboden war zum Teil radioaktiv belastet. Wer von draußen ins Haus kam, sollte die Schuhe unmittelbar an der Tür stehen lassen, damit die Radioaktivität nicht ins Haus getragen wurde. Milch konnte nicht mehr getrunken werden, denn das Gras war belastet, und vom Gras gelangten die radioaktiven Stoffe über die Kuh in die Milch. Gemüse und Salate waren radioaktiv. In der Zeitung wurden radioaktiv belastete Lebensmittel aufgezählt, die man kurzfristig oder überhaupt nicht mehr essen sollte. Große Mengen Milch und Frischgemüse wurden vernichtet. Äußerlich war nichts Bedrohliches zu erkennen, die Gefahr konnte man weder sehen noch hören, riechen oder fühlen. Die Menschen hatten Angst. Zusätzlich verunsichert wurden sie durch den Wirrwarr um die Grenzwerte der Lebensmittel. Was von einigen Ämtern und offiziellen Stellen noch als genießbar zugelassen wurde, beurteilten andere als Sondermüll. Tschernobyl machte auf erschreckende Weise auch deutlich, wie wenig wir auf einen solchen Unfall vorbereitet waren. Noch heute leiden besonders die russischen Kinder unter den Folgen der Reaktorkatastrophe. Tausende erkrankten in den folgenden Jahren an Krebs, Neugeborene kommen mißgebildet und verkrüppelt auf die Welt.

Ein Betonmantel, der den stählernen Reaktorsicherheitsbehälter umschließt

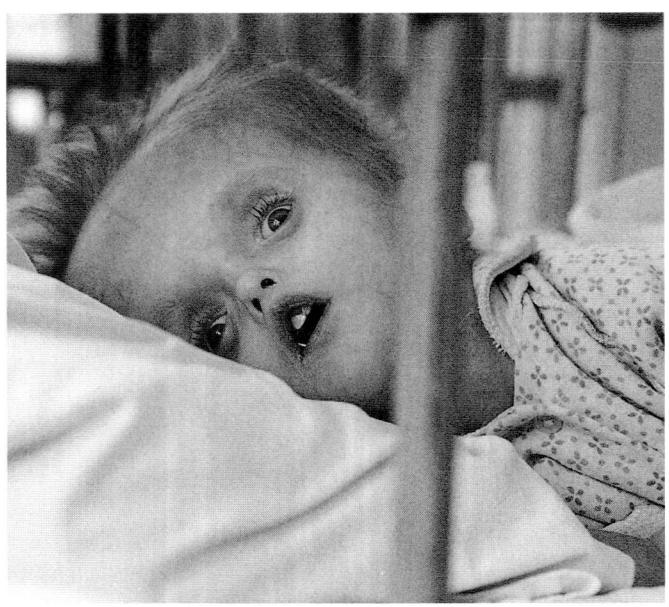

Ein nach dem Tschernobyl-Unfall geborenes, strahlengeschädigtes Kind in einem Minsker Kinderheim

Radioaktiv verseuchte Gegend in einer russischen Stadt, etwa 70 km vom ukrainischen Tschernobyl entfernt

Tschernobyl ist der größte Unfall in der Geschichte der Kernenergie, und die Schäden sind mit Geld nicht wiedergutzumachen. Sicher ist aber, daß die Schadenssumme weit höher ist, als die mehr als 400 weltweit existierenden Kernkraftwerke insgesamt gekostet haben.

Auch vor Tschernobyl hat es schon einige schwere Unfälle in der Kerntechnik gegeben, von denen manche kaum bekannt wurden. 1957 brannte ein Reaktor im englischen Windscale und im Südural explodierte ein anderer. In den USA hat sich 1979 in Three Mile Island ein Unfall ereignet, den alle Fachleute vorher nicht für möglich gehalten hatten. Durch menschliches Versagen und technische Fehler drohte eine Kernschmelze. Der Reaktor erhitzte sich dermaßen, daß er bereits zu mehr als der Hälfte schmolz. Erst kurz vor einer Katastrophe gelang es, den Reaktor wieder unter Kontrolle zu bringen. Sehr viel Radioaktivität drang nach außen.

Aus bundesdeutschen Kernkraftwerken sind 201 Störfälle allein aus dem Jahr 1980 bekannt, wobei in 17 Fällen radioaktive Strahlung freigesetzt wurde. 1990 waren es 224 Störfälle.

Kernenergie – ja oder nein?

Das Risiko der Kernenergie ist so schwierig zu beurteilen, weil ein GAU morgen, in einem Jahr oder in 1 000 Jahren geschehen kann. Wenn sich aber ein solcher Unfall ereignet, sind die Schäden und Gefahren so groß, daß sie unser Vorstellungsvermögen übersteigen.

Hinzu kommt eine weitere Gefahr: Für den Bau von Atom- und Wasserstoffbomben benötigt man Plutonium. Seit Jahren weiß man von dunklen Geschäften mit Uran und Plutonium. Dieser verbotene Handel existiert weltweit. Allein in Deutschland werden 80 kg Plutonium vermißt. Niemand weiß, wo sie geblieben sind. Plutonium ist aber nicht nur radioaktiv, sondern auch giftig. Diese Menge würde allein auf Grund seiner Giftigkeit bereits ausreichen, die gesamte Bevölkerung Europas zu töten. Die Gefahren einer Kernexplosion sind dabei noch gar nicht bedacht.

Insbesondere seitdem die Sowjetunion zusammengebrochen ist, werden in den Ländern des ehemaligen Ostblocks radioaktive Stoffe und Abfallprodukte nicht mehr zuverlässig bewacht und kontrolliert. Zum anderen ist da noch der radioaktive Abfall, der sich nicht vernichten läßt. Mit den Folgen, wie wir bislang den atomaren Müll „entsorgt" haben, werden die nach uns kommenden Generationen auf ewige Zeiten zu kämpfen haben. Hätten zum Beispiel die Menschen der Steinzeit Kernenergie verwendet, würde uns heute der „strahlende" Abfall immer noch belasten.

Tag für Tag und Jahr für Jahr kommt neuer Atommüll hinzu. Nach Angaben der Atomindustrie sind dies für ein Kernkraftwerk – von der Urangewinnung bis zum elektrischen Strom – jährlich:

50000 m^3 bei der Urangewinnung
   95 m^3 bei der Uranumwandlung und -anreicherung
   30 m^3 beim Herstellen der Brennelemente
 500 m^3 technische Abfälle beim Betrieb des Kraftwerkes.

Schließlich muß man auch berücksichtigen, daß ein Kernkraftwerk selbst „strahlenden" Abfall darstellt, wenn es 20 bis 30 Jahre in Betrieb war und anschließend stillgelegt wird. Wenn überhaupt, kann es nur unter aufwendigen und teuren Sicherheitsvorkehrungen abgebaut und abgetragen werden. Und all diese Probleme mit dem radioaktiven Abfall und dem Stillegen eines Kernkraftwerks stellen sich nicht nur einmal, sondern mehr als 400mal weltweit.

Aber brauchen wir nicht doch Kernkraftwerke, um den Treibhauseffekt zu verhindern? Sie produzieren doch kein Kohlenstoffdioxid, wie zum Beispiel Kohlekraftwerke, oder?

So einfach ist das nicht. Schon um Uran abzubauen und anzureichern, werden Geräte, Maschinen und Baumaterialien benötigt, ebenso wie zum Bau der Kraftwerke, bei der Aufbereitung der Brennelemente, bei ihrer Lagerung und bei dem Abbruch der Kernkraftwerke. Und dabei wird Treibstoff und Energie verbraucht, das heißt, daß hierbei Treibhausgas in riesigen Mengen produziert wird.

Die Annahme, den Treibhauseffekt ausschließlich durch den Bau von Kernkraftwerken vermeiden zu können, ist absurd. Die Kernenergie würde selbst im günstigsten Fall nur einen sehr bescheidenen Anteil daran haben.

Können wir die Kernkraftwerke wirklich noch verantworten?

In den Anfängen der Kernkraftforschung war die Begeisterung groß. Man glaubte, mit dieser Technik alle Energieprobleme lösen zu können. Das war verständlich. Doch nach den Erfahrungen der letzten Jahrzehnte müssen wir heute fragen, ob es nicht ein Fehler war, auf die Kernkraft zu setzen. Mit all den Gefahren für uns und für die Menschen nach uns ist diese Art der Energiegewinnung nicht mehr zu verantworten, und es ist höchste Zeit, andere Wege zu suchen.

Energie zu sparen, bringt uns viel weiter. Man hat zum Beispiel ausgerechnet, daß jede Mark, die wir ausgeben, um Energie einzusparen oder besser zu nutzen, uns fünfmal mehr Treibhausgas erspart als der Betrieb eines Kernkraftwerks.

Unter seiner Sicherheitshülle entwickelt ein Reaktor gigantische Kernkräfte. Sie werden in elektrische Energie umgewandelt.

4. Sonne, Wasser, Wind

Energie brauchen wir, aber müssen Smog, Treibhauseffekt und die Gefahr einer radioaktiv verseuchten Umwelt sein? Sind Wissenschaft, Technik und Forschung nicht in der Lage, neue Wege zu gehen und uns vor einer Katastrophe zu bewahren? Müssen wir in Zukunft auf die warme Wohnung, den Computer und das Auto verzichten?

In der Natur gibt es das perfekte Kraftwerk, das schon seit 5 Milliarden Jahren zuverlässig funktioniert und noch unendlich lange, nämlich 10 Milliarden Jahre, halten wird. Es hat noch nie einen Unfall gehabt, es ist ohne Einschränkung umweltfreundlich und verpestet nicht die Luft, es liefert pausenlos wertvolle Energie, die sich in alle anderen Energieformen umwandeln läßt, und es kostet nichts. Die Rede ist vom Kraftwerk Sonne. Nach einer weiten Reise von 150 000 000 km erreicht seine Energie, die Sonnenstrahlen, die Erde. Gäbe es die Sonne nicht, gäbe es kein Leben auf der Erde. Ohne Sonne keine Photosynthese, keinen Wind, keinen Regen, keinen natürlichen Treibhauseffekt.

Die Sonnenenergie, die auf die gesamte Fläche der Bundesrepublik strahlt, ist 70mal größer als unser Energieverbrauch. So gewaltig ist die Kraft der Sonne. Gibt es nicht Möglichkeiten, diese umweltfreundliche Energiequelle der Natur anzuzapfen?

Eine „Gichtmauer" spendet gespeicherte Sonnenwärme.

Versuch: Die Speicherwand

Gebraucht werden:
– einige Sonnenblumenkerne,
– eine freie Hauswand, auf die Sonne scheint.

Ein paar Sonnenblumenkerne werden 10 cm von der Hauswand entfernt in die Erde gedrückt, die restlichen Kerne 2 m von der Hauswand entfernt. Alle Kerne bekommen so gleich viel Sonnenlicht und werden gleichmäßig gegossen. Trotzdem wachsen die Sonnenblumen an der Hauswand schneller als die anderen. Denn die Pflanzen an der Hauswand können auch noch die gespeicherte Wärme der Wand zum Wachsen nutzen.

Sonne und Wärmeenergie

Ohne es zu wissen, nutzen wir Menschen ebenso wie die Pflanzen und Tiere schon immer die Sonnenenergie. Sonnenblumen richten ihre Köpfe nach der Sonne aus, um möglichst viel von dieser Energie aufzunehmen. Tiere und Menschen legen sich in die Sonne, um sich zu wärmen.

Das „sich Aufwärmen" ist die älteste und einfachste Möglichkeit, die Sonnenenergie direkt zu nutzen. Hierbei wird aus dem Sonnenlicht eine andere Energieform. Die kurzen Wellen des Sonnenlichts werden von der Materie aufgenommen und in Wärme umgewandelt. Dabei ist es egal, ob die Materie ein Stuhl, ein Tisch oder ein sich sonnender Mensch ist. Auch eine Steinmauer wird durch das Sonnenlicht zum Wärmespeicher. Einen Teil der Wärme gibt sie als Wärmestrahlung wieder an die Umgebung ab. Daher findet man in vielen Parkanlagen sogenannte Gichtmauern, die im Frühling und im Herbst, wenn die Luft noch kühl ist, wie ein Ofen wirken. Durch die Sonnenstrahlung heizt sich die Mauer im Laufe des Tages auf und gibt die Wärme langsam wieder ab. So ist es auf den Bänken vor der Mauer auch am Nachmittag, wenn die Sonne wieder sinkt, noch schön warm. Das hält so lange vor, bis die Mauer die gespeicherte Wärme abgestrahlt hat und wieder genauso kühl ist wie die Umgebung.

Die Wärme in der Falle

Die Wärme, die solche Speicherwände an die Umgebung abgeben, könnte man aber noch viel länger nutzen, wenn sie nicht gleich in die Luft aufsteigen und vom Wind weggeweht würde. Hier gibt es einen einfachen Trick, die Wärme einzufangen.
Wohl jeder hat schon einmal erlebt, wie das Auto zum Backofen wird, wenn es im Sommer in der gar nicht mal so heißen Sonne geparkt war. Öffnet man dann die Türen und will einsteigen, schlägt einem die Hitze entgegen. Man spürt richtig, wie sie sich im Innenraum aufgestaut hat. Was ist hier geschehen? Das kurzwellige Sonnenlicht ist durch die Fenster in den Innenraum gedrungen, wurde vom Armaturenbrett und den Autositzen geschluckt und in Wärmeenergie umgewandelt. Die langwellige Wärmestrahlung, die jetzt von den Gegenständen im Innenraum des Autos wieder abgegeben wird, kann durch das Fensterglas nicht mehr nach draußen. Glas ist für langwellige Wärmestrahlung weitgehend undurchlässig. So ist die Wärme gefangen und staut sich im Innenraum des Autos. Was wir im Auto als unangenehm empfinden, kann man anderswo nutzen.
Nach diesem Prinzip funktioniert auch ein Treibhaus. Die aus Sonnenlicht umgewandelte Wärme wird durch die Glasscheiben festgehalten, läßt die Pflanzen schneller wachsen und die Früchte früher reifen. So können wir Erdbeeren ernten, lange bevor sie im Freiland reif sind.
Manche Wohnungen haben einen Wintergarten. Hier können auch zu kühlen Jahreszeiten Pflanzen wachsen und blühen. Daher kommt der Name: Wintergarten.

Versuch: Das Frühbeet

Gebraucht werden:
- ein paar Sonnenblumenkerne oder anderer Samen,
- ein altes Fenster,
- ein Holzrahmen oder Mauersteine.

An einem sonnigen Platz wird der Holzrahmen auf die Erde oder die Steine werden in ein Karree gelegt. Die Sonnenblumenkerne oder der andere Samen werden auf dieser Fläche ausgesät. Dann wird alles angegossen und mit der Glasscheibe abgedeckt. Wird das kleine Beet jetzt regelmäßig gelüftet und ein wenig gegossen, kann man den Pflanzen förmlich beim Wachsen zusehen.

Die Solararchitektur

Die Wärmefalle kann ebenfalls helfen, Energie zu sparen und Häuser und Wohnungen zu heizen. In Darmstadt zum Beispiel haben Architekturstudenten ein richtiges Sonnenhaus entworfen und gebaut. Sie wollen hier im Hummelhof, so heißt das Haus, ausprobieren, welche Fensterfronten am meisten Sonnenlicht in den Wohnraum lassen und welche Baustoffe am besten isolieren, das heißt die Wärme zurückhalten.
Da hierzulande die Sonne am stärksten aus südlicher Richtung scheint, sind die großen Fenster nach Süden ausgerichtet. Die Sonnenstrahlen dringen durch das Glas in das Haus und heizen Fußböden, Wände,

Glasdach und Fenster dieses Wintergartens lassen die Wärme herein, aber nicht heraus.

Die verglaste Hausfront vom „Hummelhof" auf der Südseite – hier fängt sie die Sonne ein!

Möbel und den gesamten Wohnraum auf. In einigen Räumen stehen dicke Speicherwände aus Stein. Auf dem Dach wurde Erde aufgetragen, hier wächst inzwischen eine Wiese. So ein Grasdach isoliert: Im Winter hält es die Wärme, und im Sommer schützt es vor zu viel Hitze. Das Dach ist nach Norden geneigt, so daß die Nordseite die niedrigste ist. Von Norden scheint die Sonne ja nicht. Die Nordwand ist besonders dick und unter anderem durch eine Lehmwand isoliert.

Mit diesem guten Wärmeschutz wird das ganze Haus zu einer Wärmefalle. Das spart im Winter Energie, kann aber im Sommer zum Problem werden. Damit die Studenten dann nicht im Haus schwitzen müssen, haben sie sich für die Nordseite ein Belüftungssystem ausgedacht, das nach Bedarf kühle Luft in den Wohnraum strömen läßt.

Wie hoch der Anteil der Sonnenenergie beim Beheizen eines Hauses ist, hängt natürlich vom jeweiligen Klima und der täglichen Sonnenscheindauer ab. Im Südwesten Amerikas, besonders in Neu-Mexiko, werden regelrechte Sonnenhäuser mit großen Fensterfronten oder Glasflächen gebaut. Speicherwände erwärmen sich am Tag durch die Sonne und geben nachts ihre Wärme an die Umgebung ab. Hier können im Winter 50% bis 90% des Heizbedarfs direkt mit der Energie der Sonne gedeckt werden. Dies ist auf Deutschland leider nur bedingt übertragbar, scheint doch bei uns die Sonne längst nicht so oft und so heiß wie in Neu-Mexiko. Wegen der eher milden Sommer und kalten Winter können bei uns die Häuser mit dieser einfachen Nutzung der Sonnenenergie nur zu 10% bis 25% beheizt werden. Aber es ist auch bei uns möglich, ein Haus fast ausschließlich mit Sonnenenergie zu beheizen, wenn man weitere Tricks anwendet.

Der Sonnenkollektor

Das Prinzip der Sonnenfalle ist im Laufe der Jahre weiterentwickelt worden. Es entstanden Geräte, die nicht nur Sonnenenergie in Wärme umwandeln, sondern auch Wärme weiterleiten. In diesen sogenannten SONNENKOLLEKTOREN, das heißt soviel wie Sonnenenergieeinsammler, treffen die Sonnenstrahlen auf schwarze Rohre. Sie sind schwarz, weil diese Farbe sich besonders gut zum Umwandeln von Sonnenlicht in Wärme eignet. Ein schwarzer Gegenstand sendet kein Licht zurück, sondern wandelt es vollständig in Wärme um. Deckt man die Rohre zusätzlich mit einer Glasplatte ab, heizen sie sich noch besser auf. Durch die Rohre fließt Wasser, es erwärmt sich hier, wenn die Sonne intensiv scheint, bis auf 90°C und fließt anschließend dorthin, wo es gebraucht wird. Mit dem erwärmten Wasser kann man spülen, baden oder ganze Freibäder im Sommer beheizen.

In der warmen Sonne fühlt sich auch die Katze wohl.

Versuch: Sonnenkollektor

Gebraucht wird:
- ein alter Fahrradschlauch,
- zweimal 30 cm feste Schnur,
- ein quadratischer Kasten in der Größe von 50 x 50 cm,
- eine ebenso große Fensterscheibe oder Plexiglas.

Zuerst wird der Fahrradschlauch einmal durchgeschnitten. Der Schlauch wird an dem einen Ende zugebunden, mit Wasser gefüllt und dann an dem anderen Ende mit der Schnur zugebunden. Danach wird der mit Wasser gefüllte Schlauch schlangenförmig im Kasten ausgelegt. Zum Schluß kommt die Glasplatte auf die Kiste, und alles wird direkt in die Sonne gestellt. Schon nach kurzer Zeit hat sich das kalte Wasser erwärmt.

Neben den Sonnenkollektoren, die Wasser erwärmen, gibt es auch LUFTKOLLEKTOREN. Sie funktionieren ganz ähnlich. Statt des Wassers, das durch Rohre fließt, strömt Luft in einem Glaskasten durch schwarz beschichtete Lamellen oder Zwischenwände. Die Lamellen heizen sich durch das einfallende Sonnenlicht auf und erwärmen so die vorbeiströmende Luft. Mit dieser Luft können unter anderem Lagerhallen und Möbelhäuser beheizt werden.

Neben der preiswerten Wärmeversorgung hat dieses System noch den Vorteil, daß es sehr sicher ist. Denn Luft gefriert nicht, und wenn einmal ein Leck entsteht, ist das auch nicht schlimm. Nur ein Problem haben die Sonnenkollektoren: Heizt die Sonne das Wasser im Sonnenkollektor beispielsweise auf 40 °C auf, so steht auch Wasser nur mit dieser Temperatur zur Verfügung. Damit kann man baden und duschen, aber kochen kann man damit nicht, und in der Industrie ist es auch nicht zu verwenden.

Gibt es nicht eine Möglichkeit, die Temperatur des sonnenerwärmten Wassers zu erhöhen?

Der verkehrte Kühlschrank oder die Wärmepumpe

Im Kühlschrank entzieht die Kältemaschine den Lebensmitteln Wärme, um sie zu kühlen, und gibt diese Wärme über das schwarze Gitter an der Kühlschrankrückseite ab. Die WÄRMEPUMPE funktioniert genau umgekehrt. Sie nimmt die Wärme aus ihrer Umgebung auf, erhöht die Temperatur und gibt sie wieder ab, so daß man damit heizen und sogar kochen kann. Um die Wärmepumpe zu verstehen, sollte man sich zuerst noch einmal klarmachen, wie Wärme Stoffe verändert.

Versuch: Komprimierte Luft wird heiß

Gebraucht wird:
- eine Luftpumpe.

Zuerst hält man mit der einen Hand die untere Öffnung der Luftpumpe, dort wo normalerweise das Ventil hineingedrückt wird, ganz fest zu. Gleichzeitig versucht man, den Kolben der Luftpumpe mit aller Kraft mehrmals nach unten zu drücken. Schon nach wenigen Stößen hat sich der untere Teil der Luftpumpe erwärmt.

Die Wärmepumpe

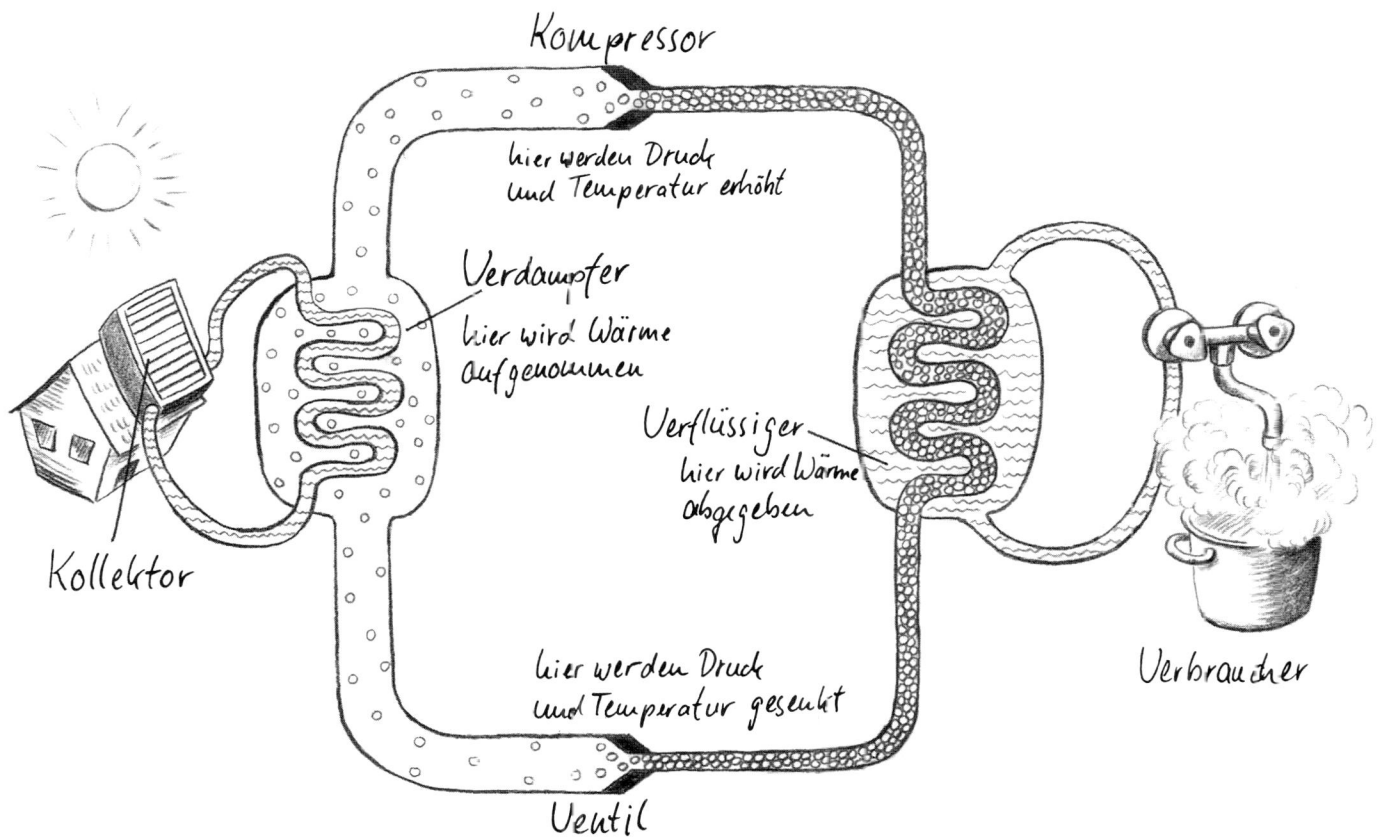

Alle Flüssigkeiten können mit Wärme in Dampf beziehungsweise in Gas verwandelt werden. Beim Kochen von Wasser geschieht das bei 100 °C. Wasser kann aber auch bei niedrigen Temperaturen verdunsten. Daß dazu Wärme gebraucht wird, kann man unmittelbar spüren. Wir brauchen nur den Finger feucht zu machen und dagegen zu pusten. Schon merken wir, daß er kälter wird. Umgekehrt wird diese Wärme wieder frei, wenn Dampf sich niederschlägt und flüssig wird.

Wann ein Stoff flüssig oder gasförmig ist, hängt nicht nur von der Temperatur, sondern auch vom Druck ab. Genau das nutzt man bei der Wärmepumpe aus. Man läßt besondere Flüssigkeiten bei niedrigem Druck verdampfen. Bei diesen Flüssigkeiten handelt es sich heute meist noch um die gleichen FCKWs wie im Kühlschrank. Diese lassen sich aber hier wie dort durch andere Flüssigkeiten ersetzen. (Vergleiche Band Mittendrin – Geht der Luft die Puste aus?, ab S. 74.)

Die nötige Wärme zum Verdampfen entnimmt man dem Sonnenkollektor. Ein Kompressor drückt anschließend den Dampf auf kleinen Raum zusammen. Dadurch erhöhen sich gleichzeitig der Druck und die Temperatur. Das ist wie bei einer Fahrradpumpe.

Bei dem höheren Druck verflüssigt sich das Gas wieder und gibt dabei Wärme ab, die es vorher beim Verdampfen aufgenommen hat, jetzt aber bei der höheren Temperatur. Die Wärme wird also von einer niedrigen auf eine höhere Temperatur „gepumpt". Über ein Ventil gelangt die Flüssigkeit wieder in den Bereich des Verdampfers. Hier ist der Druck geringer, die Flüssigkeit verdampft erneut und der Kreislauf beginnt von vorn. Mit Hilfe der Wärmepumpe läßt sich die Wärmeausbeute von Sonnenkollektoren erheblich steigern.

Wärme aus Wasser, Erde, Luft

Nutzen bringen die Wärmepumpen aber nicht nur bei den Sonnenkollektoren, sie lassen sich vielfältig einsetzen. Denn das Besondere daran ist ja, daß es nicht übermäßig heiß sein muß, man braucht keine lodernden Flammen, kochendes Wasser oder glühende Hitze. Es muß nur einfach irgendwo warm sein. Mit der Wärmepumpe war man plötzlich in der Lage, geringe Temperaturunterschiede zu nutzen, um Wärme zu gewinnen, zum Beispiel aus der Luft, dem Erdreich oder auch aus dem Grundwasser.
Natürlich arbeitet so eine Wärmepumpe nicht zum Nulltarif. Um sie anzutreiben, wird auch Energie gebraucht, meist ist das elektrische Energie, um den Verdichter anzutreiben, der ja den Druck erhöht.
Ingesamt spricht die Rechnung in vielen Fällen für die Wärmepumpe, wenn sich aus einer Kilowattstunde elektrischer Energie mehr als die dreifache Menge Energie in Form von Wärme gewinnen läßt. Ist es weniger, lohnt sich der Einsatz nicht. Denn im Elektrizitätswerk muß ja zur Erzeugung einer Kilowattstunde elektrischer Energie bereits die dreifache Energiemenge an Kohle verbraucht werden. 1988 waren bei uns rund 56 000 elektrisch betriebene Wärmepumpen in Wohngebäuden, öffentlichen Gebäuden, in Fabriken und in der Landwirtschaft in Betrieb. Zudem wurden fast 70 000 Wohnungen mit Hilfe von Wärmepumpen beheizt. In Deutschland werden knapp 200 000 Elektrowärmepumpen für die Warmwasserversorgung eingesetzt.

Aber welche Tricks auch eingesetzt werden, man stößt immer an eine Grenze. Man kann mit Sonnenkollektoren sein Badewasser wärmen, dank der Wärmepumpe Wasser sogar zum Kochen bringen, aber eine Glühbirne zum Leuchten bringen, das geht

Im Erdinneren ist es heiß:

S. 80 oben: Stillgelegte Dampfquelle in der Nähe eines Kraftwerks in Italien, das Erdwärme zur Energiegewinnung nutzt
S. 80 unten: Lavaspeiender Stromboli – Vulkan der gleichnamigen italienischen Insel
oben: Ausbruch des Ätna (Vulkan auf Sizilien) – seine glutheiße Lava quillt aus dem Erdinneren.
unten links: Unaufhaltsam fließen die Lavaströme ins Tal.
unten rechts: Erdwärme (oder Geothermie) ist auch im vulkanreichen Island Energiequelle.

nicht. Die Wärmeenergie bleibt Wärmeenergie. Der Sonnenkollektor und die Wärmepumpe können die Wärmeenergie nicht in andere Energieformen umwandeln.

Die Sonne bringt Leben in die Dinge

Neben dem Gedanken, die Sonnenenergie direkt als Wärme zu nutzen, gab es schon zu allen Zeiten Versuche, die Sonnenenergie in andere Energieformen umzuwandeln.
Bereits vor über 3000 Jahren wurde in Ägypten unter dem Pharao Echnaton (1364 bis 1348 v. Chr.) verblüffend und eindrucksvoll Sonnenenergie umgewandelt und genutzt. Zu dieser Zeit wurde in Ägypten, wie auch bei vielen anderen Völkern, ein regelrechter Sonnenkult betrieben. Die Menschen beteten die Sonne an, sie sahen in ihr die Quelle des Lebens, und der mächtigste aller Götter war der Sonnengott. Eine Sonnenfinsternis versetzte die Menschen so sehr in Angst und Schrecken, daß sie befürchteten, die Welt würde untergehen. Pharao Echnaton erhob nun während seiner Amtszeit den Sonnengott Aton zum alleinigen Gott. Um dessen Allmacht und Größe seinem Volk gegenüber zu demonstrieren, ließen sich seine Berater etwas Besonderes einfallen. Sie erfanden einen Mechanismus, der die Tore des Tempels bei Sonnenaufgang wie von Geisterhand öffnete und bei Sonnenuntergang auch wieder automatisch schloß. Das funktionierte folgendermaßen: Die Sonne erwärmte einen geschlossenen Behälter mit Wasser. Wenn der Druck in dem Behälter anstieg, weil sich das Wasser und die Luft darin erwärmten und demzufolge ausdehnten, floß das Wasser durch einen Schlauch in einen zweiten Behälter, der mit den Toren des Tempels verbunden war. Je mehr Wasser in den zweiten Behälter floß, desto schwerer wurde er, bis schließlich sein Gewicht die Tore aufzog. Am Abend, wenn die Behälter sich abkühlten, ließ der Druck in ihnen nach, das Wasser floß in den ersten Behälter zurück, und die Tore schlossen sich wieder. So wurde bereits zu Zeiten Echnatons die Sonnenenergie in mechanische Energie umgewandelt. (Ähnlich funktionierte auch der sogenannte Heronsball des griechischen Gelehrten Heron.)

Als etliche tausend Jahre später die Dampfmaschine erfunden war und große Maschinen in Bewegung setzte, kamen zwei französische Ingenieure, A. Mouchot und J. Pifre, auf die Idee, eine Dampfmaschine mit Sonnenenergie zu betreiben. Sie bauten um 1870 eine Sonnenmaschine: Ein kegelförmiger Spiegel, der einen Durchmesser von 2,2 m hatte, reflektierte die Sonnenstrahlen. In die Mitte des Spiegels war ein Dampfkessel gebaut, der die Form eines Rohres hatte. Die Sonnenstrahlen wurden vom Brennspiegel auf den Dampfkessel gelenkt und heizten das Wasser darin auf. Der Dampf setzte Räder in Bewegung, die mit Treibriemen übertragen wurde. Die so erzeugte mechanische Energie nutzten die beiden Ingenieure, um auf öffentlichen Vorführungen ihrer Sonnenmaschine eine kleine Druckerpresse anzutreiben. Die Flugblätter, die auf dieser Presse gedruckt wurden, informierten die Zuschauer über die Vorzüge der Sonnenenergie.

Die Sonne macht die Nacht zum Tag

Wenn man nun mit Sonnenenergie eine Dampfmaschine betreiben kann, so kann man auch im nächsten Schritt elektrische Energie damit erzeugen.
Beim Kohlekraftwerk nutzen wir die chemische Energie und im Kernkraftwerk die Atomenergie, um mit Dampf Turbinen anzutreiben und Strom zu erzeugen. Um mit Sonnenenergie eine Wassertemperatur zu erreichen, die zum Stromerzeugen ausreicht, müssen

Heronsball

Mouchots Sonnenmaschine auf der Pariser Weltausstellung 1878. Dieser Brennspiegel hatte 5 m Durchmesser!

die Sonnenstrahlen gebündelt werden. Dazu braucht man Brennspiegel, die die Sonnenstrahlen reflektieren und auf einen Punkt konzentrieren.

Das erste SOLARKRAFTWERK war „Eurelios" am Fuße des Ätnas auf Sizilien. Es ging 1981 an das Stromnetz. Seine Leistung liegt bei gutem Wetter bei rund 1 Megawatt Strom. Damit liegt „Eurelios" zwar unter der Stromproduktion eines herkömmlichen Kraftwerks, beispielsweise eines Kohlekraftwerks, das rund 500 Megawatt im Durchschnitt produziert, aber es bläst auch kein Schwefeldioxid, keine Stickstoffoxide und kein Kohlenstoffdioxid in die Luft.

Ein Jahr nach „Eurelios" ging in Kalifornien, mitten in der Mojave-Wüste, das bislang größte Sonnen-Wärmekraftwerk der Welt „Solar One" in Betrieb. Es liefert durchschnittlich 10 Megawatt Sonnenstrom, und seine Leistungsgrenze wird auf 100 Megawatt geschätzt.

Funktionieren kann das Kraftwerk jedoch nur, wenn die Sonnenstrahlen in einem bestimmten Winkel auf die Brennspiegel treffen. Die Sonne verändert aber permanent ihre Position am Himmel und damit auch die Richtung und Stärke ihrer Sonnenstrahlung. Das geschieht sowohl durch die tägliche Erddrehung als auch durch die veränderte Erdbahn um die Sonne im Jahresverlauf. Um diese Wanderbewegung ausgleichen zu können, wurden Brennspiegel entwickelt, die der Sonne nachgeführt werden können. Wie Blumen können sie sich ständig der Sonne zuwenden und so den Winkel, in dem die Sonnenstrahlen einfallen müssen, gleich halten.

Bei „Solar One" stehen 1818 Spiegel im Kreis. Jeder dieser Spiegel (Heliostaten) ist 40 m² groß und wird automatisch der Sonne nachgeführt und auf den Brennpunkt in der Mitte des Kreises ausgerichtet. So werden die Sonnenstrahlen 1818mal gebündelt auf einen 86 m hohen Turm konzentriert, wo die gebündelte Sonnenenergie Wasser bei 500 °C verdampft. Mit diesem Wasserdampf wird, wie in jedem Kohle-, Gas- oder Kernkraftwerk, über Turbinen ein Stromgenerator angetrieben.

Leider kann es solche Solarkraftwerke nicht überall geben. Sie benötigen viel Platz. „Solar One" zum Beispiel braucht eine Fläche von 290 000 m². Es ist also nicht möglich, solch ein Kraftwerk mitten in der Stadt zu bauen. Nur in schwachbesiedelten Gebieten, wo die Sonne immer scheint, wie in der Wüste, sind alle Bedingungen erfüllt.

Bei anderen Solarkraftwerken werden die Sonnenstrahlen durch rinnenförmige Spiegel auf ein darin verlaufendes Rohr gebündelt. Durch diese spezielle Spiegelform ist es nicht nötig, sie dem Stand der Sonne nachzuführen. Die Spiegel können fest montiert werden. Auf diese Weise läßt sich die Sonnenenergie auf großen Flächen nutzen. Durch die Rohre fließt ein Spezialöl, das auf über 400 °C erhitzt wird. Damit wird Wasser erhitzt und verdampft, das dann wieder eine Turbine mit einem Generator antreibt.

Stirling-Kraftwerk

Beim Stirling-Kraftwerk wird die Sonnenenergie nicht über herkömmliche Turbinen in elektrische Energie umgesetzt, vielmehr arbeitet als Energieumwandler ein Stirling-Motor. Er wandelt die Wärme unmittelbar in Bewegung bzw. in Strom um. Außerdem hat bei diesen Sonnenwärmekraftwerken jeder Spiegel seinen eigenen Brennpunkt. Die Spiegel sind so aufgehängt, daß sie der Sonne nachgeführt werden können und so ständig die Sonnenstrahlen auf den Brennpunkt konzentrieren. Dieser Brennpunkt sitzt direkt vor dem Spiegel.

Der Stirling-Motor

Das Verfahren selbst ist relativ alt. Anfang des 19. Jahrhunderts entwickelte ein schottischer Geistlicher namens Robert Stirling einen Motor, der anders als die Dampfmaschine Wärmeenergie in mechanische Energie umwandeln konnte.

Lange Zeit kümmerte sich niemand um Stirlings Erfindung. Erst in den letzten Jahren wurde sein Motor weiterentwickelt.

Was ist nun das Besondere am Stirling-Motor? Bei herkömmlichen Ottomotoren findet innerhalb des Motors eine Verbrennung statt.

Der Stirling-Motor kann im Gegensatz dazu ganz ohne Verbrennung auskommen. So kann er zum Beispiel auch die Sonnenwärme direkt nutzen. Er arbeitet nach dem Grundsatz: Gas, das erwärmt wird, dehnt sich aus, wenn es erkaltet, zieht es sich zusammen.

Um dieses Prinzip auszunutzen, haben Wissenschaftler eine besondere Maschine entwickelt, die luftdicht abgeschlossen und mit einem Gas – Helium oder Wasserstoff eignen sich am besten, die Maschine läuft aber auch mit Luft – gefüllt ist. In zwei Zylindern steckt jeweils ein Kolben. Um diese Kolben in Bewegung zu versetzen, wird das Ende des ersten Zylinders erhitzt. Da sich das erhitzte Gas ausdehnen will, drückt es den Kolben nach unten.

Die Bewegung wird auf ein Schwungrad übertragen. Dadurch wird der zweite Kolben nach oben gedrückt. Dabei strömt das kalte Gas in den heißen Zylinder. Dort dehnt es sich aus und drückt den ersten Kolben weiter nach unten.

Wenn sich der Kolben dem unteren Punkt nähert, fließt das heiße Gas in die entgegengesetzte Richtung durch einen Kühler und drückt den zweiten Kolben nach unten. Beim Abkühlen zieht sich das Gas wieder zusammen. Das Gas im ersten Zylinder wird wieder erhitzt, dehnt sich aus und

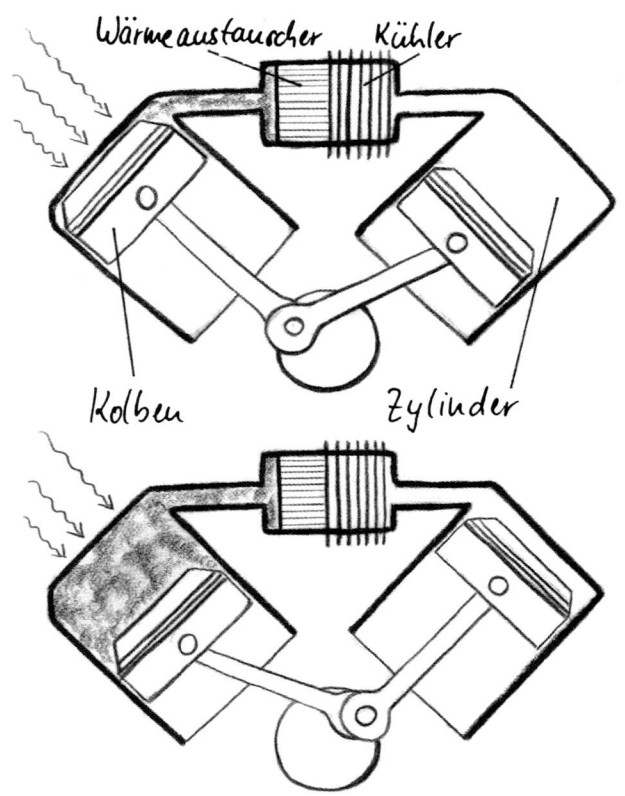

leistet Arbeit, die über die Kolben und das Schwungrad in Bewegungsenergie umgewandelt wird.

Gefertigt werden die Motoren heute mit einer Leistung bis 50 kW. Auch die Sonnenkraftwerke mit Stirling-Motor gibt es in unterschiedlichen Größen.

In der Wüste in Saudi-Arabien arbeiten heute zwei riesige Stirling-Kraftwerke. Jeder der Spiegel ist 220 m² groß und erzeugt im Brennpunkt eine Temperatur von 700 °C. Der gesamte Energiegewinn beträgt pro Spiegel 50 kW Spitzenleistung.

Solarzellen-Kraftwerke

Wurde bei den vorherigen Sonnenwärmekraftwerken noch der Umweg über gebündelte Strahlen, Dampf, Turbinen, Generatoren oder Stirling-Motoren gemacht, um aus Wärmeenergie mechanische Energie und damit wiederum elektrische Energie zu erhalten, so geschieht die Umwandlung von Sonnenstrahlung in Strom in der SOLARZELLE direkt.

Begonnen hat die Entwicklung der Solarzelle mit der Raumfahrt, genauer mit der Satellitentechnik. Die Wissenschaftler brauchten eine Methode, um im Weltall für die Satelliten Strom zu erzeugen. Die benötigte Energie mußte wartungsfrei, zuverlässig und ohne Brennstoff gewonnen werden können, denn es war unmöglich, den Satelliten Batterien oder etwa kleine Kohlekraftwerke mit ins Weltall zu geben. Man konnte den Satelliten auch schlecht jeden Monat eine Rakete mit Kohle nachschicken. Die Solarzelle wurde entwickelt.

Spiegel und Motoren eines Stirling-Kraftwerks in Spanien

Nachdem das Verfahren einmal bekannt war, lag es nahe, es nicht nur in der Raumfahrt zu nutzen. Denn was gibt es für die Erde Besseres als eine Form der Stromerzeugung, die keine Rohstoffe verbraucht und dank der Sonne unbegrenzt zur Verfügung steht.
Die Solarzellen selbst haben natürlich keine unendliche Lebensdauer und müssen erst einmal hergestellt werden. Das Geheimnis der Solarzelle, dieser kleinen unscheinbaren Scheibe, ist das Silizium. Das Silizium wird in elektrischen Lichtbogenöfen aus Quarzsand und verschiedenen Zuschlagstoffen gewonnen, die geschmolzen werden. Diese Schmelze wird durch mehrfaches Destillieren gereinigt. In diese Schmelze wird ein spezieller Stab eingetaucht (der Impfkristall), an dem das Silizium kristallisiert. Man erhält einen 10 cm dicken Kristallstab. Dieser Stab wird in hauchdünne Scheiben gesägt. Aus zwei dieser Scheiben entsteht dann die eigentliche Solarzelle.
Solarzellen werden heute immer häufiger verwendet, ob im Taschenrechner, im Miniradio oder in der Armbanduhr. Solarenergie ist eine der Energieformen der Zukunft. Denn Silizium ist ein Bestandteil des Sandes, und nach Sauerstoff das am häufigsten vorkommende Element auf der Erde. Es wird – im Gegensatz zu Öl, Kohle, Erdgas oder Uran – niemals aufgebraucht werden können. Ein weiterer Vorteil ist die Unabhängigkeit. Eine solarbetriebene Uhr muß nicht regelmäßig aufgeladen werden. Ein SOLARMOBIL, ein mit Sonnenenergie betriebenes Auto, ist unabhängig von Tankstellen, Ölpreiser usw. Sonne oder Licht braucht die Solarzelle natürlich schon.
Wenn man sein Haus mit Solarstrom versorgen will, braucht man kein riesiges Solarkraftwerk in der Wüste. Man setzt sich die nötigen Solarzellen auf das Hausdach. Allerdings liefern sie nur bei Tageslicht Strom. Um auch abends und nachts Strom zur Verfügung zu haben, muß man ihn speichern. Soll ein Haus ausschließlich mit Solarenergie versorgt werden, muß der Sonnenstrom tagsüber gespeichert werden.
Mit Solarzellen wird es überflüssig, Überlandleitungen bis in den letzten Winkel der Erde zu verlegen, wenn dort jemand wohnt, der auch Strom zum Fernsehen haben will. In der Zukunft wird es möglich sein, diesen Stromverbraucher mit Solarstrom zu versorgen.
Früher wurde zur Fertigung von Solarzellen mehr Energie verbraucht, als sie hinterher lieferten. Tatsächlich ist der Herstellungsprozeß sehr aufwendig, das Silizium muß geschmolzen und verarbeitet wer-

Dieses Solarmobil braucht nichts als Sonnenenergie, um als erstes im Ziel zu sein.

Ein Siliziumstab wird in hauchdünne Scheiben zersägt – daraus werden Solarzellen gemacht.

den. Heute gibt es rationellere Verfahren, und die neuen Solarzellen liefern bei einer Lebensdauer von 20 bis 30 Jahren weit mehr Energie, als zu ihrer Herstellung aufgewendet wird.

Solarer Wasserstoff

Beim Solarstrom gibt es wie bei der elektrischen Energie allgemein ein Problem: Der Strom kann nur zu der Zeit genutzt werden, in der er erzeugt wird. Andernfalls muß man ihn speichern. Aber elektrische Energie läßt sich schlecht aufheben. Bei kleineren Mengen kann man Batterien verwenden, zum Beispiel für den Walkman oder die Taschenlampe. Um ein Auto zu starten, benötigt man bereits eine wesentlich größere Batterie. Um ein Elektroauto etwa 100 km zu fahren, muß man schon den Kofferraum mit Batterien beladen, die etwa ein Drittel des Fahrzeuggewichts ausmachen. Für größere Mengen elektrischer Energie werden Batterien zu unhandlich und zu schwer.

Aber es gibt eine andere Lösung: Wasserstoff. Wasserstoff ist ein geruchloses Gas, das zusammen mit Sauerstoff verbrennen kann. Dabei wird Energie frei und übrig bleibt Wasser.

Mit elektrischer Energie kann man nun Wasser wieder in Wasserstoff und Sauerstoff zerlegen. Den Wasserstoff kann man jetzt transportieren, den gleichzeitig erzeugten Sauerstoff braucht man nur in die Luft abzulassen. Wenn man den Wasserstoff später verbrennt, kann man dazu den Sauerstoff wieder aus der Luft entnehmen. Als „Abgas" tropft Wasser bzw. Wasserdampf aus dem Auspuff.

Heute fahren bereits versuchsweise Autos mit Wasserstoff, ohne daß am Motor viel verändert wurde. Man kann den Wasserstoff natürlich auch zum Heizen von Häusern verwenden. Aus dem Schornstein entweicht dann ebenfalls nur Wasserdampf.

Ebenso wie mit elektrischem Strom Wasser in Wasserstoff und Sauerstoff zerlegt werden kann, lassen sich in einer sogenannten Brennstoffzelle diese Gase miteinander verschmelzen, und die vorher hineingesteckte Energie wird wieder frei. Auf diese Weise läßt sich elektrischer Strom speichern und wieder vielseitig verwenden, ohne daß die Umwelt durch Abgase belastet wird.

Wenn man den Strom zur Erzeugung des Wasserstoffs mit Solarzellen aus Sonnenenergie gewinnt, hat man wirklich saubere Energie. Man könnte in sonnenreichen Gebieten Solarkraftwerke aufstellen und den erzeugten Wasserstoff dann dorthin transportieren, wo er gebraucht wird.

Der Transport ist allerdings nicht ganz so einfach. Das Gas läßt sich zwar genauso leicht wie Erdgas durch Leitungen schicken, will man es aber mit einem Tanker transportieren, muß es vorher auf etwa $-250\,°C$ abgekühlt und verflüssigt werden, da es als Flüssigkeit weniger Raum einnimmt. Für Straßenfahrzeuge und Flugzeuge, die man auch mit Wasserstoff antreiben kann, wurden besondere Tanks entwickelt.

Zur Zeit sind nicht alle technischen Probleme gelöst, und die Wasserstoffenergie ist heute noch weit teurer als andere Energien. Aber sie verspricht, eine saubere und die Umwelt schonende Energieform der Zukunft zu werden.

Ein Parkschein-Automat mit Solarantrieb

Ein Auto mit Wasserstoff-Antrieb ist abgasfrei.

Die Kraft des Windes

Vermutlich ebenso lange wie die Energie der Sonne nutzt der Mensch die Energie des Windes, die ja letztlich auch auf die Sonnenenergie zurückzuführen ist. Denn Wind entsteht, wenn sich ein Teil der Erdatmosphäre erwärmt, die warme Luft an dieser Stelle aufsteigt und kältere Luft von einem anderen Teil der Erde nachströmt. Bereits die alten Römer hatten die Idee, den Wind zum Segeln zu gebrauchen, ebenso die Ägypter oder auch die Indianer. Ob es die Phönizier waren oder die Karthager und die Wikinger, überall und zu allen Zeiten wurden Segelschiffe gebaut. Ebenso lange erleichtert die Energie des Windes die alltägliche Arbeit. Der Wind mahlte das Korn. Die älteste bekannte Windmühle ist die zu Moos in Ägypten. Ihr Alter wird auf 3000 Jahre geschätzt. Überall dort, wo der Wind beständig blies, bauten die Menschen Windmühlen. Dabei gab es verschiedene Ausführungen. Mal mußte der Wind drei Windflügel, mal vier oder sieben zum Drehen bringen.

Angetrieben vom Wind drehen sich Windmühlenflügel und lenken über Zahnräder und Achsen die Bewegung um. So beginnt im Inneren der Windmühle ein großer Mühlstein, das Getreide zu mahlen, oder ein Sägeblatt, das Holz zu sägen, oder eine Pumpe, Wasser oder Öl zu fördern.

Windnutzung heute

Sicher, die klassische Windmühle hat heute fast ausgedient. Denn der Wind steht nicht immer dann und dort zur Verfügung, wann und wo man ihn braucht. Und man kann umgekehrt nicht die Industrieanlagen dorthin bauen, wo er am meisten bläst, an der Küste oder auf den Bergen. Wind läßt sich nicht speichern. Also mußte ein Weg gefunden werden, die Energie, die im Wind steckt, umzuwandeln und transportfähig zu machen. Das Medium ist, wie bei der Sonnenenergie, auch hier der elektrische Strom. In der ganzen Welt entstehen heute Windfarmen, in denen Windgeneratoren aus Windenergie Strom gewinnen.

In Deutschland taten sich die Stromfirmen und die Regierungen mit der Nutzung der Windenergie schwer. Forschungsgelder, die nötig wären, um leistungsfähige Windgeneratoren zu entwickeln, wurden vor allem in die Kernenergieforschung gesteckt, und für den Wind blieb wenig übrig. In Deutschland ist allerdings auch das Klima nicht so günstig. Erfahrungen zeigen, daß vor allem in Küstenregionen der Wind besonders stetig und stark bläst. Und die Bundesrepublik Deutschland hat nun einmal nicht viel Küste.

In Dänemark sind die Bedingungen günstiger. Es ist heute neben den USA der zweitgrößte Produzent von Windenergie auf der Welt. Durch staatliche Förderprogramme am Anfang der Entwicklung ist in Dänemark der Strom aus Wind nur noch einen Pfennig pro Kilowattstunde teurer als Strom aus fossilen Brennstoffen, wie Kohle oder Öl.

Und wenn man dann noch die Schäden, die durch das Verbrennen von Kohle und Öl entstehen, hinzurechnet (vergleiche im Band Mittendrin – Geht der Luft die Puste aus?, Kapitel: Der Regen wird sauer), ist Windenergie schon heute preiswerter. In den nächsten Jahren wird Dänemark 10% seines gesamten Strombedarfs aus Windenergie decken.

Seit zehn Jahren läuft zum Beispiel in der freien Schule Tvind an der Westküste Dänemarks ein 1 Megawatt starkes Windkraftwerk. Der Wind an der Küste dreht drei 27 m lange Flügel, und diese treiben einen kleinen Stromgenerator an. Der so produzierte Strom bringt die Glühlampen in der Schule zum Leuchten, betreibt die vielen Kleingeräte der Schüler (Kassettenrecorder, Radio usw.) und speist seine Überschüsse ins öffentliche Netz.

links: Windmühle an der niederländischen Küste. Hier bläst der Wind genügend stark, um Energiespender zu sein.
unten: Zu einem Windpark aneinandergereihte Windenergieanlagen. Hier wird Bewegungsenergie in Strom umgewandelt.

Das Wasser hat Kraft

Die Idee, die Energie des fließenden Wassers zur Arbeit zu nutzen, ist mindestens genauso alt wie die Nutzung der Windenergie. Wenn von Mühlen die Rede ist, darf neben der Windmühle die Wassermühle nicht fehlen.

Der älteste Weg, die Energie des Wassers zu nutzen, ist das WASSERRAD. Ob in den Alpen, in Australien oder im Schwarzwald, überall wo Wasser über ein Gefälle strömt, baute man Wasserräder, also Wasserkraftanlagen, um das Wasser für uns arbeiten zu lassen. Das Wasser versetzte das Wasserrad in Drehung, über eine Achse wurde diese Drehbewegung in die Mühle geleitet. Dort über Zahnräder umgelenkt, trieb es so Sägen, Mühlsteine oder Pumpen an.

Es gibt drei verschiedene Wasserräder (siehe S. 90), die die Bewegungsenergie des fließenden Wassers unterschiedlich gut nutzen.

Im Laufe der Jahrhunderte wurde die Wasserkraft immer besser genutzt. Das Wasser muß ohne Stoß in das Rad eintreten und seine Geschwindigkeit muß stark abgenommen haben, wenn es das Wasserrad verläßt. Nur so ist gewährleistet, daß es seine Bewegungsenergie an das Wasserrad und nicht in nutzlose Wasserwirbel und Strudel abgegeben hat. Das mittelschlächtige Wasserrad stellt den Übergang vom simplen Wasserrad zur Turbine dar. Es ist das am weitesten entwickelte Wasserrad und kann wegen seiner Geschwindigkeit bei der Stromgewinnung eingesetzt werden.

Wasserkraftwerk an der gigantischen Staumauer des Edersees

Die Wasserräder

Das UNTERSCHLÄCHTIGE WASSERRAD ist das einfachste, das zugleich die geringste Energieausbeute aufweist. Es wird durch das am unteren Rand entlangfließende Wasser gedreht und treibt ein mit dem Rad gekoppeltes Werkzeug an. Der Nachteil ist, daß das Wasserrad sich nur so schnell dreht, wie der Fluß fließt. Das ist meistens schnell genug, um beispielsweise einen Mühlstein zu betreiben, für einen Sägeantrieb wäre es jedoch zu langsam.

Das Gegenstück dazu ist das OBERSCHLÄCHTIGE WASSERRAD. Hier fließt das Wasser über eine Zulaufrinne von oben auf das Rad, füllt die Schaufeln mit Wasser und drückt sie nach unten. Das oberschlächtige Wasserrad dreht sich schneller als das unterschlächtige und hat einen großen Vorteil: Treibende Äste, Blätter und ähnliches können es nicht so leicht verschmutzen, da es sich ja quasi immer wieder von selbst reinigt. Obwohl sich das oberschlächtige Wasserrad recht schnell dreht, langt es aber immer noch nicht zur Stromerzeugung.

Das MITTELSCHLÄCHTIGE WASSERRAD ist eigentlich mehr ein Grenzgänger. Hier trifft das Wasser in etwa der Höhe der Achse, also der Mitte, auf das Wasserrad. Dadurch entsteht ein besonders hoher Druck auf die Schaufelblätter, gleichzeitig gibt das Wasser aber schnell die Schaufelblätter wieder frei. So wird jedes Bremsen vermieden, und das Rad kann so richtig ins Rotieren kommen.

Die Kraft der Gezeiten

Rund ¾ der Erdoberfläche sind mit Wasser bedeckt. Die Sonne verdunstet jeden Tag unvorstellbare Mengen davon. Es steigt auf, bildet Wolken, fällt als Regen auf die Erde und kehrt über die Flüsse ins Meer zurück.
Gleichzeitig bringen die Anziehungskräfte von Sonne und Mond die Wasserfluten auf der Erde in rhythmische Bewegungen und verursachen die GEZEITEN. Die Gezeiten bedeuten ein Schwanken der Wasserhöhe an den Küsten. Dieser Höhenunterschied zwischen Hoch- und Niedrigwasser, zwischen Ebbe und Flut, heißt TIDENHUB.

Bis ins 17. Jahrhundert konnten Ebbe und Flut nicht ausreichend erklärt werden. Damals glaubte man, ein riesiges Meeresungeheuer atme regelmäßig ein und aus, oder vermutete andere schauerliche Hintergründe für das regelmäßige Verschwinden des Wassers. Erst ISAAC NEWTON, ein Naturwissenschaftler, der von 1643 bis 1727 lebte, fand die Erklärung für das Phänomen der Gezeiten.
Hervorgerufen wird die regelmäßige Wanderbewegung der Meere durch die Anziehungskräfte, die Sonne und Mond auf die Erde ausüben, im Zusammenspiel mit den Fliehkräften der sich um die eigene Achse drehenden Erde.

Das Wasser ist alle 12,5 Stunden auf dem Tiefstand – Ebbe ...

... dazwischen auf Höchststand – Flut; hier eine Sturmflut

Doch auch vor Newton wurde, ohne zu wissen, warum das Wasser sich hebt oder senkt, diese Bewegungsenergie genutzt.

Um die Kraft der Gezeiten zur Energiegewinnung zu nutzen, muß man einen Damm oder ein anderes Hindernis errichten und dahinter einen See aufstauen. Am besten geht das in einer Bucht oder in einer Flußmündung. Bei Flut strömt das Wasser durch große Öffnungen durch das Hindernis in den See hinein und staut sich dort. Bei Ebbe strömt das Wasser durch die gleichen Öffnungen wieder hinaus ins Meer.

Wenn nun in den Öffnungen Turbinen oder Wasserräder montiert werden, versetzt das fließende Wasser die Turbine in Drehung. Diese mechanische Energie kann genutzt werden.

Eines der ältesten Beispiele der Welt ist die „Eling Tide Mill" an der Südküste Englands. Die Mühle, die aus dem 18. Jahrhundert stammt, mahlt heute noch Korn. An dieser Küste, wo der Tidenhub durchschnittlich 3 m beträgt, wird bereits seit dem 9. Jahrhundert die Gezeitenkraft in mechanische Energie umgesetzt. Angetrieben werden die Mühlsteine von zwei unterschlächtigen Wasserrädern, die von dem bei Ebbe in der Bucht aufgestauten Wasser gedreht werden. Bis zu acht Stunden am Tag wird so die Mühle angetrieben und mahlt rund 6 t Getreide in dieser Zeit.

Über viele Jahrhunderte waren Gezeitenmühlen neben der Kraft der Wasserfälle und des Windes die einzige Möglichkeit, mechanische Energie zu erhalten. Gezeitenmühlen fanden sich an den Küsten Frankreichs, Englands und der Niederlande.

Heute wandelt man die Gezeitenkraft in elektrische Energie um. Es werden moderne GEZEITENKRAFTWERKE in aller Welt erbaut. Begonnen hat diese Entwicklung Ende der 50er Jahre in China, wo einige hundert kleinere Gezeitenkraftwerke mit einer Leistung von 50 kW bis 200 kW entstanden. Das bis heute größte Gezeitenkraftwerk liegt in der Bretagne an der Nordküste Frankreichs. Es heißt „La Rance" und liegt in der Mündung des gleichnamigen Flusses bei St. Malo. Den an diesem Abschnitt der Küste 13 m betragenden Tidenhub, beziehungsweise die damit verbundene Bewegungsenergie verwandeln 24 Turbinen in 240 000 kW elektrische Energie. Das Kraftwerk „La Rance" arbeitet jetzt seit 25 Jahren und speist pro Jahr durchschnittlich 500 Millionen kW ins öffentliche Netz.

Für die nächsten Jahre sind weltweit weitere Gezeitenkraftwerke geplant. Eines der größten Projekte soll in England verwirklicht werden. In der Severnmündungsbucht an der Westküste Englands soll ein 16 km langer Damm rund 20 000 m² des Flusses Severn abtrennen. Auf diese Weise soll der Tidenhub von 11 m von 200 Turbinen zur Stromerzeugung genutzt werden. Jährlich 14 Milliarden kW Strom könnten hier erzeugt werden, das sind 5 % des jährlichen englischen Strombedarfs.

Obwohl bei Gezeitenkraftwerken die Umwelt nicht durch Abgase verschmutzt wird und auch keine Rohstoffe verbraucht werden, findet doch ein gewaltiger Eingriff in die Natur statt. Die Erfahrungen mit riesigen Staudämmen haben gezeigt, daß leichtfertiger Kraftwerksbau ebenfalls Schäden im Ökosystem verursachen kann.

Das bekannteste Beispiel hierfür ist der Assuanstaudamm am Nil. Vor dem Staudammbau gab es durch die regelmäßigen Nilhochwasser Überschwemmungen und damit fruchtbares Ackerland. Durch den Bau des Staudammes wurde der Nil gleichmäßig auf einer Höhe gehalten, und das Hochwasser blieb aus.

Gewaltige Wellen-Kraft

Der Wind erzeugt auf den offenen Meeren, wenn er über das Wasser bläst, eine riesige Wellenbewegung. Die Wellenberge werden bis zu 12 m hoch. Ist eine Welle auf diese Art einmal entstanden, so kann sie tagelang über viele tausend Kilometer wandern. Erst die Küste stellt ein natürliches Hindernis dar, gegen das die Welle anbrandet und sich bricht.

Die gewaltigen Kräfte dieser Brandung lassen sich auch zur Energiegewinnung nutzen.

Im norwegischen Bergen wurde eine große Röhre fest an der Küste auf dem Grund verankert. Unten hat diese Röhre eine Öffnung, in die die Wellen das Wasser hineinpressen und wieder herausziehen. So entsteht in der Röhre eine gewaltige rhythmische Bewegung. Die Wassersäule wirkt wie ein Kolben. Sie preßt die Luft in der Röhre im Wechsel zusammen bzw. erzeugt einen Unterdruck. Die so in Bewegung versetzte Luft strömt durch eine Luftturbine, die einen Generator antreibt. Die Luftturbine ist so konstruiert, daß, egal in welche Richtung die Luft gerade fließt, die Turbine sich immer in die gleiche Richtung dreht. Dieses WELLENKRAFTWERK in Bergen liefert heute rund 500 kW Strom.

links: Blick ins Innere eines Wellenkraftwerks – die schwingende Wasserröhre, darüber die Luftturbine
Das an der Küste Norwegens gelegene Wellenkraftwerk bei Bergen

Einfache Biogasanlagen sind unbeheizt und können, da die Kleinstlebewesen Wärme brauchen, nur in den warmen Regionen der Erde betrieben werden. Abgesehen von diesen Einschränkungen, werden sie aber in Zukunft für Millionen Menschen eine wirkungsvolle Möglichkeit darstellen, Energie zu gewinnen.
In Exeter in England wurden bereits 1890 die Straßen der ganzen Stadt mit solchem Biogas beleuchtet.

links: Die älteste Biogasanlage Deutschlands. Sie wurde über 30 Jahre auf dem Klostergut Benediktbeuern betrieben.

Eine Kuh liefert Milch, ... und mit ihrem Mist sogar Strom!

Auch der Mist hat Kraft

Kaum zu glauben: Mist stinkt zwar, ist aber ein vorzüglicher Energielieferant. Das Verfahren, wie aus Mist Energie gewonnen wird, hat der Mensch der Natur abgeguckt. Millionen von Kleinstlebewesen zersetzen im Wald, im Garten und überall in der Natur den biologischen Abfall, und dabei entsteht Wärme. Im Inneren eines Komposthaufens entwickelt sich eine Temperatur von ungefähr 60 °C. Die Kleinstlebewesen brauchen für diese sogenannte AEROBE Vergärung Sauerstoff.

Die ANAEROBE Vergärung dagegen läuft unter Ausschluß von Sauerstoff ab, der Biomüll verfault. Dies geschieht auch bei uns in der Küche im Mülleimer, wenn wir ihn nicht oft genug leeren. Auf Hausmülldeponien kann man die anaerobe Vergärung auch beobachten. Wenn der biologische Abfall im Laufe einiger Jahre verfault, entsteht Gas, das sogenannte BIOGAS. Dieses Biogas kann wiederum zur Energiegewinnung genutzt werden.

Kleinere Anlagen gibt es weltweit. In China sind über 7 000 000 im Einsatz, in Indien rund 70 000. Die Möglichkeiten, sie zu verwenden, sind jedoch eingeschränkt. Denn damit der Biomüll sich im Faulraum richtig zersetzen kann, darf eine Biogasanlage eine gewisse Größe nicht überschreiten. Sonst funktioniert der Fäulnisprozeß nicht mehr.

Damals wurden die Straßenlampen noch mit Gas betrieben. Ihre erste Blüte in Deutschland hatte die Biogasgewinnung in den 50er Jahren. Etwa 20 Anlagen wurden auf Höfen mit Großviehhaltung errichtet. Das gewonnene Biogas wurde zum Heizen, zum Kochen, zur Stromerzeugung, ja, in Flaschen abgefüllt, sogar zum Antrieb von Traktoren eingesetzt. Doch als Mitte der 50er Jahre das billige Öl auf die Märkte schwappte, haben nur wenige Biogasanlagen die Zeit überlebt.

Erst durch die Ölkrisen in den 70er Jahren wurde diese Art, Energie zu gewinnen, wieder attraktiv, und so entstanden bis 1985 rund 100 Biogasanlagen in der Bundesrepublik. Heute werden große Biogasanlagen mit Viehmist oder aber mit Klärschlamm aus städtischen oder kommunalen Kläranlagen betrieben.

Eine weitere mögliche Quelle für Biogas ist der Biomüll in unserem Hausmüll, der tagtäglich anfällt. Würde er getrennt gesammelt und nicht auf die normale Hausmülldeponie gebracht, so könnte man damit viel Energie gewinnen.

Wenn der Biomüll in großen Faultanks gelagert würde, in denen die Fäulnisbakterien optimale Lebensbedingungen haben, könnten aus 1 000 kg Biomüll innerhalb weniger Tage etwa 130 000 l brennbares Biogas gewonnen werden.

Und nebenbei würden wir durch das Verwerten des Biomülls den Abfallberg beträchtlich verringern.

Der Energieverbund

Oft wird heute die Frage gestellt: Welche Energiequelle ist die sauberste, die dauerhafteste, die Energiequelle der Zukunft? Wahrscheinlich gibt es darauf keine einzige, ausschließliche Antwort. Es gibt nur Teillösungen. Wir können nicht überall auf der Erde Sonnenkraftwerke oder an jeder Küste ein Gezeiten- oder Wellenkraftwerk bauen. Es kommt auf die klimatischen Bedingungen an. Für jedes Dorf, für jede Stadt, in jedem Land – ob in der Wüste oder auf einer kleinen Insel mitten im Meer – muß eine individuelle, eine maßgeschneiderte Lösung der Energieprobleme gefunden werden.

Was in den heißen Ländern Afrikas eine sinnvolle und ergiebige Energiequelle sein kann, muß es nicht unbedingt auch in Alaska sein. Und selbst in einem einzelnen Bereich müssen verschiedene Energiegewinnungsarten einander ergänzen.

Als Beispiel für einen solchen ENERGIEVERBUND soll die kleine Insel Fehmarn dienen. Diese Insel in der Ostsee stellt ein bislang in Europa einzigartiges Zukunftskonzept dar. Neben der Stadt Burg liegt das Klärwerk Burgstaaken, das im Sommer das Abwasser von 40 000 Leuten einschließlich der Touristen zu klären hat. Die gesamte elektrische Energie, die die Anlage braucht, wird im Klärwerk selbst produziert. Betrieben wird diese Anlage mit Hilfe von Wind- und Sonnenenergie und Biogas aus der Kläranlage. Wenn gleichzeitig der Wind weht und die Sonne scheint, liefern Windgenerator und Solarzellen so viel elektrische Energie, daß sogar noch Strom ins öffentliche Netz eingespeist werden kann.

Das Biogas der Anlage wird in einem Behälter gesammelt. Fallen Wind und Sonne aus, so betreibt man mit dem Gas einen Motor, der einen Stromgenerator antreibt. Auf diese Weise hat man immer eine Energiereserve.

Speziell für den Energiebedarf dieser Kläranlage wurde diese Technik entwickelt, die die drei Energiequellen direkt miteinander kombiniert. Das Ganze funktioniert so gut, daß in Zukunft die gesamte Insel nach diesem System mit Energie versorgt werden soll.

Vernetzung oder das Denken muß sich ändern

Das Konzept des Energieverbundes, wie es auf der Insel Fehmarn angewendet wird, ist Teil eines neuen Energiebewußtseins.

Ein Kerzenlicht treibt einen Motor an!

Sonne, Wind und Biogas – gemeinsam erzeugen sie Strom, wie hier in der Kläranlage von Fehmarn.

Über Jahrzehnte haben wir uns über die Stromproduktion und den Stromverbrauch keine Gedanken gemacht. Strom kam aus der Steckdose und war, zumindest schien es so, unbegrenzt verfügbar. Warum sich also beschränken und Strom sparen? Zumal die Abgase und die Müllberge, die die Umwelt belasten, ja nur für einige zu spüren waren, nämlich für diejenigen, die neben Kohlengruben wohnten, in Nachbarschaft einer Großfeuerungsanlage oder im Schatten eines Kernkraftwerkes oder in der Nähe eines Atommüllagers lebten.

Erst als die Folgen dieser Energiepolitik für uns alle durch das Waldsterben und den Treibhauseffekt spürbar wurden, haben wir angefangen, es ernst zu nehmen. Wir müssen weg von den zentralen Kraftwerksgiganten, weg vom hemmungslosen Verbrennen von Kohle, Öl und Gas mit all ihren Belastungen für die Umwelt, hin zu sanften und dauerhaften Energiequellen, die sich im Verbund ergänzen und die wir nutzen können, ohne unsere Umwelt dabei zu zerstören. Leider teilen noch nicht alle diese Einsicht, aber zumindest hat ein Nachdenken darüber begonnen. Fehmarn ist nur ein Beispiel dafür.

Nur wenn wir umdenken, können wir und auch die Menschen nach uns in einer intakten Umwelt leben. Und wir sollten die andere umweltfreundliche Energiequelle nicht vergessen – das Energiesparen. Die meiste Energie wird in den Industrieländern „verbraucht". Sie weniger zu verschwenden, sondern sie einzusparen und sinnvoll einzusetzen, ist notwendig. Denn Treibhauseffekt und Klimakatastrophe machen uns alle ärmer. Ideen und Möglichkeiten für eine umsichtige Energienutzung gibt es genug, und unserer Phantasie sind hierbei keine Grenzen gesetzt. Es funktioniert!

Markus Schächter (Hg.): **Mittendrin – Ohne Wasser läuft nichts.** Ein Umweltbuch über Wasser und Abwasser, über Bäche, Flüsse und Feuchtwiesen. (1988) ISBN 3-926740-07-8

Markus Schächter (Hg.): **Mittendrin – Die Erde hat kein dickes Fell.** Ein Umweltbuch über Feld und Wald, über den Erdboden und die Lebewesen, die mit und in ihm leben. (1988) ISBN 3-926740-08-6

Markus Schächter (Hg.): **Mittendrin – Geht der Luft die Puste aus?** Ein Umweltbuch über Luft und Feuerluft, über Wald und sauren Regen, über Smog und das Klima. (1990) ISBN 3-926740-25-6

Markus Schächter (Hg.): **Mittendrin – Eine Abfuhr für den Müll.** Wo entsteht er, was haben die Leute früher damit gemacht, und wie werden wir ihn los? Ein Umweltbuch über den Abfall. (1990) ISBN 3-926740-26-4

Rückgabe spätestens am		
15.11.06		

FZ DIN 1500   ekz Best.-Nr. 806643.2